湛庐CHEERS

与最聪明的人共同进化

HERE COMES EVERYBODY

CHEERS
湛庐

唤醒空间生产力

汪若菡
李国卿 著

浙江教育出版社 · 杭州

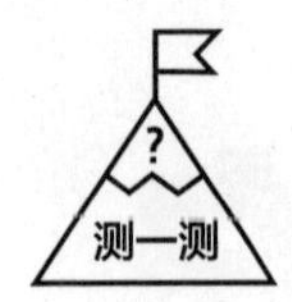

你知道如何打造创意空间吗？

扫码加入书架
领取阅读激励

- 富有创造力的人的思维活跃度和周边环境在很大程度上是密切相关的，这句话对吗？（ ）

  A. 对

  B. 错

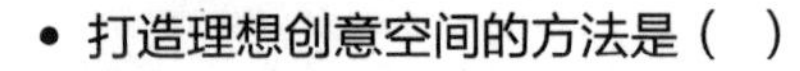

- 打造理想创意空间的方法是（ ）

  A. 围绕客户的真实需求建立产品底层逻辑

  B. 借鉴国内外成功的案例

  C. 聘请优秀的设计师

  D. 精选城市环境最好的地方

扫码获取全部测试题及答案，
一起了解创意空间如何
唤醒生产力

- 办公空间设计师的工作价值很大程度上体现在使用他们设计的空间产品的用户们（ ）

  A. 能激发创造力

  B. 能节约时间

  C. 能保证安全

  D. 能提高工作效率

扫描左侧二维码查看本书更多测试题

从创意园区到创意城市

范周
中国传媒大学文化发展研究院创院院长
中国文化产业协会副会长
联合国创意经济顾问

现代城市生活中，大大小小、各具特色的办公空间构成了广泛意义上的“知识劳动者”从事本职工作、创造经济与社会价值的普遍场域。自19世纪60年代以来，大量劳动者从机械重复的体力劳动中解放出来，进入办公空间，他们从事文书工作或操作各类办公设备，“白领阶层”由此形成，专业用于室内办公的建筑空间大量出现：有的是高耸入云的写字楼，有的是众多独栋建筑错落有致组合而成的产业园区。经过一百多年的发展，可以说正是现代办公理念催生的多元化办公空间塑造了城市的建筑形态，也改变着身处其中的人们的精神面貌。

20世纪90年代以来，以互联网为代表的新科技，极大加速了创意经济的蓬勃发展，从事科技、文化等创意工作的个体劳动者的价值得以尽情释放，人们通过打破传统“格子间”束缚的自由组织和交流协作来完成工作任务。办公空间的设计也与时俱进，日益强调个性化、人性化和移动化，其目标是努力为创意工作者打造出有助于活跃思维、激发创意、缓解焦虑的新型创意空间，从而提升组织的价值创造效率——这便是《唤醒空间生产力》的题中之义。

事实上，当我们把观察的视角从个体放大到组织，从建筑放大到城市，就会发现文化创意产业园区组织形态的变化，已经成为当今从社区营造到城市更新，从产业升级、供给侧结构性改革到拉动区域经济发展的重要抓手。当前，由信息技术革命带动、以高新技术产业为龙头的新经济形态，必然会带来产业发展的全新变革。随着 AIGC 时代的到来，文化创意园区率先开展数字化变革，引领新一轮全球人工智能技术发展浪潮，“文旅 + 科技”“数智 + 场景”等新模式在园区建设中竞相涌现。在全新变革之下，以激发创意生产力为核心诉求的组织形态和空间营造也在同步转型。以科创和文创为主的文化创意产业园区，聚合了科技和文化的双重力量，对于城市品牌推广、区域社会全面发展具有重要意义。因此，文化创意产业园区的发展应和社区、街区、城区实现联动发展，成为一座现代化城市的会客厅、图书馆和后花园，成为促进创意工作者头脑风暴、畅快交流的社交平台，成为拉动区域创意经济发展的超级能量引擎。

党的十八大以来，中央和国务院有关部门进一步加大了文化产业政策的扶持力度，明确了政策导向，优化了产业环境，有效推进了文化领域供给侧结构性改革。文化创意产业园区作为文化产业规模化、产业垂直细分、创新发展的重要途径和载体，在促进产业集聚产生规模效益的同时，对国家和城市的文化建设、经济发展起到重要作用。《“十四五”文化产业发展规划》明确指出，要规范发展文化产业园区，在全国合理布局一批特色鲜明、主业突出、集聚度高、带动性强的文化产业园区和基地。我国目前拥有 3000 余个文化产业园区、34 家国家级文化产业示范园区。面向新时代，新业态已成为文化产业园区最具活力的动能。数字技术的广泛应用使得园区智能化升级成为热点，数字（虚拟）文化产业园区备受关注。文化产业园区的高质量发展需要顺应产业发展趋势，以新业态提升文化产业园区品质。要在做好文化产业园区定位研究的基础上，科学研判园区发展趋势，助推文化产业实现高质量发展。

从文化创意产业园区的空间分布来看，北京、上海、广州、深圳作为中国综合实力最强的一线城市，集聚着各类文化资源。这些地方的文化创意产业园区积极融入城市更新进程，围绕人工智能大模型加快创新步伐，在城市园区建设中探索人工智能新路径，打造文化产业园区创新高地，较好地发挥出文化产业园区的辐射带动作用。

在遍布全国的众多产业园区中，成立于 2011 年的德必集团，是将产业园区这一空间形态，同助力科创、文创企业发展这一服务形态有机结合的市场引领者。德必集团总部位于上海，其旗下的产业园区已扩张到北京、杭州、成都、苏州、南京、长沙等城市及欧洲、北美等部分海外地区，形成了跨城市、跨区域的规模化、连锁化发展优势，并且成功打造出了德必易园、德必 WE、德必运动 LOFT 等系列品牌。从《唤醒空间生产力》中，我们可以欣喜地发现，德必集团对于空间设计、社区运营、企业服务和城市更新，已经形成了具有独创性和系统性的方法论，这些都是从数十个不同形态的产业园区的开发和运营实践中总结出的宝贵经验。本书包含了大量翔实的案例和细节展示，并有从设计师到企业客户的现身说法，有效诠释了“何为空间生产力”“打造创意空间的底层逻辑”“创意经济是未来城市的核心竞争力”几个关键命题。

在开发建设层面，德必集团尤为重视将创意元素融入街区和社区，鼓励创意型企业发挥主观能动性，去灵活改造空间的样貌，改变空间与人的互动方式。在几个标志性的园区如成都川报易园、上海外滩 WE、北京天坛 WE 等，都能够直观看到这种“创意激荡”的氛围。在运营服务层面，德必集团强调“社区共建”，每个园区的运营团队并不仅是管理者的角色，更重要的作用是“连接”。他们协调多方资源、搜集用户意见，从个性化的视角，为入驻园区的用户做好服务，不断调整改进园区的基础设施和空间设计。

未来，文化创意产业园区的发展要在产业集聚、生态建设等方面发挥更大作用，市场主体将成为产业园区开发运营的中坚力量，城市能级将成为产业园区发展的压舱石，特色定位将成为产业园区摆脱同质竞争的主要手段，深耕运营将成为产业园区存量时代的底层逻辑。文化创意产业园区的建设要与新兴科技、历史文化、城市社区相交融，打造真正将传统与现代有机结合的“创意城市”，形成中国文化“走出去”的新态势。从这个意义上说，园区建设者、产业引领者、城市管理者，皆任重而道远。期待这本书中的经验和观点，能够成为全行业的有益借鉴。

科学智慧空间助力美妙的发生

贾波
德必集团董事长

空间，对于孕育、催生创意创新的力量究竟有多大？如何唤醒空间的力量？

汪若菡和李国卿两位作者，怀着对空间力量的强烈好奇心，走入德必集团的数十个文创园区，通过对空间设计者和使用者们的访谈，寻找心中的答案。在这一过程中，德必集团奉行了不干涉和全透明的原则，向他们全面无条件开放集团的所有资源。

这就是《唤醒空间生产力》诞生的缘由。对我而言，这本书的结论其实是一个忐忑的未知数——我们共同期待着答案。

和两位作者一样，在长达 17 年的城市更新、文化创意园区设计、运营中，德必人也一直在探索，如何通过空间和环境的改造，为创意工作者们提供丰富的感官体验。成年人大部分的时间是在工作场景中度过，什么样的环境能更好地激发人们的活力和创造力？什么样的空间可以创造人与人更多、更友好的互动与交流？如何促使人们体验到更多的幸福感，能实现“在一起，更美好”呢？

谷歌的研究表明，座位安排得紧密（间距低于 1.5 米）会导致人与人的碰撞，这样能为天生“社恐”的 IT 精英制造更多“不得不”交流的机会，从而大大促进同事间友谊的萌发。1~4 分钟午餐排队的时间是最佳的交流时机，低于 1 分钟，人们来不及互相讲话；超过 4 分钟，人们又会不耐烦或低头看手机……而面对面的交流恰恰是群体之于独立个人的价值所在，也是智慧涌现的孕育场。研究表明，独具创意的“科学智慧空间”可以提升人们 37% 的生产率！

德必集团多年来深度研究各种工作中人与人的互动模式，基于对人类群体相处模式的学习理解，把工作分成了多个场景，试图用绿树鲜花、流水小鱼缓解焦虑情绪；提供可以互动的共享餐区疏解心理压力、用色彩丰富的会议室助力头脑风暴……以一个个创意空间解决方案，来促进“在一起，更美好”的发生。

空间可以唤醒生命中更多美好的力量！正是怀着这种认知和使命感，德必集团 17 年来一直在努力创造，希望用空间唤醒更大的力量。也希望大家能够以书会友，在未来的时空中，与关心“科学智慧空间”的朋友们，一起构建一个“空中实验室”，在实验室中让每个人的创意、经验、科学技术、艺术与多维度的知识、兴趣在这里相遇，通过思想的互相碰撞而获得共同的成长。

空间成就自我

在结束记者职业生涯，成为自由撰稿人之后，我在最近几年时间里，至少换过六七间办公室。让我出乎意料的是，想找到一个让自己在其中感到舒服的办公空间，居然如此困难，这也让我开始第一次认真思考生活、办公空间和人的关系。

媒体行业是创意行业，传媒机构通常会选用开放、宽敞的办公空间并按内容制作流程划分出不同的工作区域，编辑和记者们可以在这些区域间随意走动、闲聊和交流，大家随心所欲地在工位上摆放书籍、资料和私人物品，让工作空间变得更个人化。对于传统意义上的办公室管理者来说，这种拥挤、吵闹、等级制度松散，且全员经常要超时工作的环境，看上去既“混乱”又不能提高员工工作效率。但媒体人能在混乱的表象下，在此类办公空间中梳理出一个井然有序的工作流程，并持续创造高质量的内容产品。

在离开媒体行业之后，我和合作者们租用过所谓的传统办公室。这种办公室的格子间限制了人的自由活动，也妨碍了人与人之间的交流，让我们这些习惯了随意走动的媒体人感到窒息。即便是5A级写字楼，一旦身处其中，我便意识到，这些空间的设计者考虑的是如何将人牢牢地固定在工位上。其实，看到租用这些传统办公室的“邻居”后，我也意识到自己找错了地方，这些“邻居”大都西装革履，从事金融、会计、贸易或法律等工作，奉行朝九晚五的办公原则，与衣着随意、上班时间不固定、常常需要熬夜的创意工作者有着天壤之别。

媒体人其实已经培养出了自己对办公空间的某些偏好。比如，开放的布局、舒适的公共区域和自由随意的氛围。以WeWork为代表的共享办公空间品牌，恰好融合了这些元素。于是我又试着租用了几个品牌的共享办公空间，这些品牌包括WeWork和它的中国竞争者们。

由于WeWork的设计理念风靡全球，许多共享办公空间的设计者都在努力模仿它，用一些显眼的元素讨创意工作者喜欢。比如，它们都有开放的布局、舒适的公共区域、大量的休闲娱乐设施、绿植与具有现代艺术氛围的内部装饰等。这些办公空间乍看上去大同小异，但只有长时间在其中工作的人才能分辨出优劣。我逐渐学会了如何在这些相似的办公空间中找到真正让人感到舒适的设计元素。比如，在办公空间A的公共区域里，一个巨大、豪华的共享吧台前总是空无一人，而在办公空间B的公共区域里，永远有人围坐在只有6个座位的吧台旁聊天、吃东西。在这两个办公空间都待过之后，我发现出现这种差异的原因很简单，办公空间B的吧台旁配备有洗手池和密闭的垃圾桶，以便人们洗手、清理自带的杯子或饭盒，而办公空间 A 只是设置了一个不走心的吧台“符号”而已。我甚至能想象出豪华而无用的吧台是如何诞生的，设计师在参考了众多的共享办公空间的设计之后，认为这里应该放一个吧台，以便让用户在这里偶遇和交流，但设计师没考虑到这里唯一的洗手池远在楼层尽头的洗手间里。在午休和下班这种高峰时段，想清洁茶杯或咖啡壶的人在窄小的洗手间外排起了长队，很多赶时间的人会去使用其他楼层的洗手间——这让在邻近楼层办公的几个公司不胜其烦，终于给洗手间装上了专用的密码锁。

在挑选合乎心意的办公空间的过程中，我意识到人们对办公空间的要求折射出了很多东西：空间能够反映出人们确认自我身份的诉求，也是信息、想象力的汇集地。**好的空间设计，不仅要让人感到舒服，还要能帮助人们找到自己独有的工作节奏，让创造力获得成长。**这一系列切身体会与思考，成为眼前这本关于创意空间的图书诞生的关键。

在和上海德必文化创意产业发展（集团）股份有限公司（以下简称德必）的设计师们深入讨论了德必园区空间设计的底层逻辑之后，我对创造力和空间的关系有了新的发现。首先，就像设计师们强调的那样，好的设计并不一定是昂贵或精美的，而要看设计师是否能真正站在用户（创意工作者）的角度去考虑问题。只有充分与用户共情，才能在空间中为他们提供恰到好处的服务。其次，一个鲜活的空间应该由设计者和使用者共同创造，设计师必须深刻地理解创意工作者的工作特点，放弃一些规划和控制的欲望——设计师只需要提供激发创意工作者创造力的最基础和最关键的元素，创意工作者会自行运用这些工具，调整自己的行为和心情，找到自己独有的工作节奏。比如，某个共享空间朝西的公共会客区域，上午还冷冷清清，但每到下午便人满为患，不少创业公司的程序员们甚至愿意趴在不那么舒服的小咖啡桌上工作。我出于好奇问了其中一个人原因，这位程序员回答说："这里有大片的落地玻璃窗，我一抬头就能看到天空，在这里工作效率很高。"显然，沐浴在阳光下，时不时俯瞰街景或眺望这个城市的天际线，比枯坐在办公桌前更能帮助程序员转换心情、获得灵感。

这些发现首先对我自己的工作产生了影响——要想充分发挥个人创造力，最重要的办法是自我审视，找到工作流程背后蕴含的规律，然后对应现有的空间，思考它们是否适合自己的节奏，要不要做出改变。

这些发现也让我读懂了德必设计师们在空间设计中嵌入的理念。他们坚信，搭建一个开放、自由和多元化的办公空间，能够使创意工作者的工作和生活变得更有趣、更具创造力。一个能够让人产生创意与认同感，且兼具创新性和凝聚力的办公环境，会让个人、企业乃至整个园区受益。

最终，我们——使用者和设计者，共同创造出的是一个"帮助你成为自己想成为的人"的环境。这就是空间的力量。

目录

引　言

一位创意工作者的办公室流浪记

引　言　一位创意工作者的办公室流浪记

为自己创办的公司寻找一个理想的办公空间，花了徐宁 6 年的时间。

徐宁是传统媒体人出身，曾经是报道 IT 和产经等领域的记者，2006 年加入时尚传媒集团旗下杂志《时尚芭莎》（*Harper's BAZAAR China*）。2011 年，他成为《芭莎艺术》[①] 创刊的执行主编。在徐宁和团队成员的努力下，《芭莎艺术》成为全球发行量最大的艺术类杂志。

通过在《芭莎艺术》"从零到一"的工作，徐宁积累了大量品牌和顶级艺术家的资源。他很快意识到，中国的整个文化消费产业和艺术之间存在着巨大的断层，艺术曲高和寡，无法真正触达消费者，这其中蕴含着大量商机。他渴望在新的领域一试身手，创造出某种和艺术有关的、与众不同的产品，让广大消费者为之尖叫，心动不已。

2014 年底，徐宁离开《芭莎艺术》，开始了自己的创业之旅。他先是受邀参与打造中国最早的艺术生活方式集合店 UUPP。UUPP 是用来展示、售卖当代优质青年艺术家作品的平台，也能举办各类艺术沙龙活动，因此选址在北

① 《芭莎艺术》是 *Harper's BAZAAR* 在全球推出的第一个艺术时尚类媒体。

京最时髦、热闹的大商场里，其内部空间设计独具匠心，特别有轻奢“范儿”。

当时，徐宁有个思维误区：他要在最好的地方开店，在最漂亮的办公室办公，这是在时尚媒体工作多年给他带来的思维惯性。2008 年，当他作为时尚传媒集团的一员入驻位于北京世贸天阶的时尚大厦时，他由衷地为自己的办公空间感到自豪：办公区域按内容品牌分隔开，并根据各自的特质和主题色进行装修。时尚传媒集团办公空间的氛围完全就是《穿普拉达的女王》这部电影中的场景复刻到了现实里。在离开《芭莎艺术》之后，徐宁开始正式运营 UUPP，然而，昂贵的店面和办公室租金马上就让徐宁体会到了真正的现实。他意识到，自己想象中美轮美奂的创业可能是个错觉。

2015 年，移动互联网热潮已经渗透到各个细分领域，App 被称为“移动互联网创业的最强心脏”。徐宁说：“试过了运营实体店，我意识到对内容的把控和创造才是企业的核心竞争力。”于是，徐宁退出 UUPP，打造了云图 App。在他的设想中，云图是一个兼具艺术社交、媒体功能的互联网平台，也能帮助艺术家和消费者实时完成艺术品的在线交易，徐宁认为，“通过提供高质量的艺术信息和内容，显然云图能做的事情更多，也比实体店的影响要广泛得多”。

因为云图对视觉和互联网技术的要求很高，当时徐宁的公司里有近七成员工是互联网技术人员。他很自然地和技术合伙人一起把公司迁入了望京 SOHO。虽然也曾有像滴滴这样的巨头入驻望京 SOHO，但望京 SOHO 当时更多是散租给中小型互联网创业公司的。徐宁得以完整地见证了望京区域互联网文化兴起的过程。在云图的开放型办公室里，不同年龄、职能和层级的员工混坐在一起工作。徐宁说："大家经常围在会议室的大桌子旁，一边吃下午茶，一边自由地讨论在技术上遇到的各种问题。"他记得："那时，望京 SOHO 内加班文化盛行，到晚上 10 点，整栋楼还是灯火通明，年轻的程序员们在其中来来往往，有种一切都在蓬勃生长的感觉。"

但是，随着移动互联网的不断发展，流量最终集中在几个巨头手里，获取用户的成本越来越高，写字楼里开始充斥着焦虑和不安的气息。绝大多数创业公司都没有足够的资金去购买流量或在技术开发方面持续投入，成功的希望变得越来越渺茫。2016 年，有人哀叹，当时的望京 SOHO 已经变成了"互联网创业公司的坟墓"。这种气氛逼迫徐宁不断自省，他最终得出了一个结论：在相对窄众的艺术领域，云图即使把内容和活动做得十分吸引人，用户数量也达不到他最初对"艺术媒体社交平台"的期望标准。

"我最擅长、最喜欢做的事情还是与创意相关的工作，《芭莎艺术》的成功，让我相信自己有能力创立一个创意品牌和逻辑自洽的商业模式，无论如何，我都必须印证这一点。"徐宁说。就这样，2017 年底，徐宁决定退出互联网赛道，他主动搬离了望京 SOHO，重新开始摸索适合自己的产品和商业模式。

也正是在 2017 年，恰逢《时尚芭莎》要举办 150 周年纪念活动，徐宁全程参与并策划了"破界：BAZAAR 150 周年时尚艺术大展"（以下简称"破界"）。"破界"这个展览充分调动了徐宁和同事们的特长：艺术领域的顶级资源和原创能力、构造场景的想象力、与国际品牌进行商务合作的能力，还包括之前云图在互联网传播方面积累下来的经验和好口碑。展览效果奇佳，在对外开放的第一天，举办地北京今日美术馆的售票处就排起了长队。徐宁说：“‘破界’在北京今日美术馆创造了一个当时中国原创展览每日参观人数的最高纪录。”随后徐宁策划的“LOVE LOVE LOVE 爱的艺术”这一原创主题展览也同样极具吸引力，并且给他的团队带来了颇为可观的商业回报。

徐宁说：“在开始创意策展之后，我们搬进了北京今日美术馆的一个空展馆，我第一次可以按照自己的想法来打造工作环境。”徐宁把这个 400 平方米的跃层空间装修成了一个简洁、现代而且极具艺术性的工作室，并给它起名“百子湾工厂”——向当代最有创造力的艺术家之一安迪·沃霍尔（Andy Warhol）的工厂致敬。

徐宁按团队独有的工作方法来设计百子湾工厂，他和同事们当时追求的就是一种生活与工作紧密关联的气氛，没有办公室的层级概念，随时随地都可以让疯狂的创意相互碰撞。“这样的办公空间非常有助于让人产生意想不到的好点子。”徐宁说，“而我们在第一个原创主题展览‘LOVE LOVE LOVE 爱的艺术’中讨论的，正是人和人之间的亲密关系。”

在百子湾工厂，徐宁逐渐清晰地意识到，自己有一种以内容制作为核心，为消费者创造与众不同的场景体验的能力。徐宁说：“就拿做展览来说，我的长处就在于知道什么是吸引人的好主题，能围绕它创造出与众不同的空间体验，并将这些场景编排得让观众有意外之喜。”这是在经历过《芭莎艺术》创刊后，他首次迎来工作上真正的高潮和自觉。徐宁开始雄心勃勃地计划着将展览产品化和规模化，为此，他逐步引入了全球美食艺术跨界 IP“Cook Book 感官盛宴”、艺术家 IP“Great Artist 大艺术家”，并最终都将这些 IP 以新颖的方式成功落地。

徐宁说："到了这个时候，我觉得百子湾工厂的工作环境好像支撑不了这种类型的工业化生产的商业模式了。"之前大家是在一个空间里承担不同的创意工作，最后汇聚在一起成为一个作品。但当同时要生产和运营几个产品的时候，员工就扩充到近 50 人。徐宁不但要扩大办公空间，也需要找到一个更正式的办公环境，使得 IP 拓展、策展、创意设计、运营、媒体营销等部门的界限相对清晰，让整个工作流程变得更加可控。

2018 年，"共享办公"这一概念方兴未艾，徐宁搬离百子湾工厂，入驻共享办公领域的国际品牌 WeWork，一口气租下了 40 多个工位。深究这一决策背后的动机，除去为公司标准化运营寻找一个合适的环境之外，徐宁也有些好奇，想看看 WeWork 究竟是怎么对办公空间进行标准化管理的。

结果，徐宁在那里经历了一次公司管理上的失控。入驻 WeWork 之后，徐宁很快发现，大规模开发艺术 IP 这样的任务，需要在公司的组织管理和工作流程上做出诸多改变。"不是多开一个展览就要新组一队人，我当时没有建好一个强有力的'中台'，很多资源不能共享，这样就无法形成合力。"徐宁说，"而 WeWork 最吸引人的共享概念，在无形中成了我管理工作的障碍。WeWork 把办公室外这部分空间做得太过舒适了，与待在办公室里相比，员工们更愿意在共享区域里办公。"员工们散落在 WeWork 的各个角落，让徐宁很难对其进行管理。因为在一起沟通的时间远不如以前多，员工们也失去了之前在百子湾工厂那种亲密合作的感觉。

2020年，新冠疫情中断了徐宁在WeWork的办公生涯。在疫情肆虐的那段时间，他策划的几个很受欢迎的当代艺术展览都被迫按下了暂停键。鉴于成本因素以及对过往办公环境的复杂体验，徐宁和同事们迅速搬离了WeWork。这段经历也让徐宁对良好的办公空间设计有了更清晰的认识：**环境必须在鼓励人们表达自我和不失团队凝聚力这两点中保持平衡，才能达到事半功倍的效果。**

空间创造价值

从20世纪90年代开始，在以互联网科技为基础的新经济版图中，有一部分企业的工作重心转向脑力劳动，这些企业是靠创新、发明和版权的构想来产生附加价值的。由于提供创意的员工成了这类企业中最重要的生产资料，管理者们必须绞尽脑汁创造出一个舒适的环境，来激发和支持他们的创新工作。在这方面，谷歌一直走在探索的前沿，它的开放式工作区域和充满奇思妙想的公共空间，为全球的创意科技公司树立了理想办公空间的标杆。

徐宁本人就是创意工作者，他相信一点：工作空间能影响人的情绪。徐宁说："只有在自由宽容、与身边的人沟通顺畅的亲密氛围里，我才能发挥自主性。"换言之，他和在谷歌这样的科技巨头中工作的人，其实有着同样的感受，那就是良好的工作环境能创造出独特的价值，能让身处其中的人产生正向心理效应，极大地提高他们的工作效率和能力。

然而，创造出这样的空间或工作环境，并非易事。谷歌前首席执行官埃里克·施密特（Eric Schmidt）在自己的著作《重新定义公司》（*How Google Works*）中强调，这种对外部空间和环境的塑造和探索并不是盲目的。他认为，一个公司的创始人，必须先重新定义自己，在对自身的长处、工作方式和目标有清晰的认识之后，才能创造出全新的工作环境和公司文化。

为此，施密特给理想中的谷歌人创造出了一个名词，叫“创意精英”。他详细地描述了创意精英的典型特征：他们有商业头脑，也知道专业技术、优质产品和商业之间的关系；他们懂得用户或消费者对产品的看法，从某种程度上来说，他们自己就是超级用户；他们喜欢冒险，能从失败和挫折中获得宝贵的财富；他们无须别人催促，就会主动地按照自己的理念行动；他们对感兴趣的事情锲而不舍地钻研，不断迭代更新。

施密特最终的结论是，谷歌在办公空间、企业文化等领域所做的一切革新，最终都是为创意精英们服务的。要想留住他们，唯有改善环境（软件和硬件都包括在内），让他们乐于置身其中。从这个意义上说，谷歌的创始人们鼓励办公空间变得拥挤和杂乱无章，为员工配备五花八门的健身和娱乐设施、提供免费餐厅、配备顶尖意式咖啡机等举措都只是表象，创始人们的真正目的是打造出一个类似大学校园的办公空间，让创意精英们产生强烈的归属感，使他们之间的交流和互动畅通无阻，从而为公司创造出更大的价值。

“而对我们这样的创业公司来说，重新定义自己其实就是一个不断认清‘我们能做什么’和‘不能做什么’的过程。”徐宁说。经过几年时间的摸索，他终于找到了最适合自己的业务——策划展览并对艺术 IP 进行转化与运营。

北京亚美地媒体科技有限公司（以下简称亚美地）就是徐宁创办的公司，现在是活跃在国内艺术策展领域相当特别的一股力量。从 2017 年开始，亚美地先后举办过“破界”“LOVE LOVE LOVE 爱的艺术”“Cook Book 感官盛宴”“冯唐乐园：一座有乐的园子”等一系列极其吸引人的展览。

这些展览的特点在于，颠覆了以往艺术领域策展常见的那种教科书般高高在上的姿态。亚美地最大限度地利用了空间，以声、光、影、现场表演等各种手法，让国内外当代艺术家们的作品围绕着展览主题被生动活泼地展示出来。这种既不降低展览的格调与水准，又能让艺术变得更为新潮和平易近人的做法，非常受年轻人欢迎。在小红书等社交平台上，徐宁策划的展览下最多的留言就是年轻观众们的感叹：“好有艺术范儿”“好高级”“超级适合和朋友一起去”“真想马上去打卡”。

从 2014 年开始创业，几经波折，直到 2017 年，徐宁才最终在艺术 IP 转化这一领域找到了最适合自己的业务模式。“在这个过程中，我的创业方向一旦发生变化，就要换办公室。”徐宁说，“工作环境和创始人的自我认知密切相关，会对业务产生很直接的影响。”

回过头来看，徐宁在艺术媒体工作中展露出的特质，和谷歌的施密特对创意精英的描述完全吻合。这就好比谷歌虽然一直在办公空间中加入人性化的休闲设施、奇妙有趣的空间设计，但是也一直在通过实验不断减少办公空间中让人分心的元素。徐宁的看法与施密特的看法不谋而合：“有了对自身定位和所做事情的明确认知之后，我们才更清楚自己需要什么样的工作环境。”徐宁把自己对理想的办公空间的认知归纳为两点：既能让身在其中的创意工作者感到自由，鼓励自我表达；又不失团队凝聚力，能够让员工高效协作，按时交出靠谱的产品。办公空间只有同时满足这两点，才能为创意公司助力，创造出更多价值。

“过度追求自由，可能导致管理失控；反之，则会阻碍创意的诞生。”徐宁说，“两点都能满足的办公空间，就是我认为理想的创意空间。”

让创意自由生长

2020 年 4 月，疫情形势稍有缓和，徐宁就把他团队的办公室搬到了位于北京朝阳区东风南路 8 号的东枫德必 WE。

徐宁第一次来东枫德必 WE 时，正逢初春，天气乍暖还寒，园区里有一个巨大的露天下沉花园，里面种着色彩明丽的羽衣甘蓝——这是少数能在北京冬天存活下来的植物，户外的翠竹、冬青也是一派生机勃勃的景象。徐宁是南方人，总在办公室里尽可能多地堆满绿植，深知在北方户外要把植物种好有多难，因此马上就被打动了。

“东枫德必 WE 在室内摆放的绿植和室外栽种的竹子与树所占的面积，比别的园区要多很多。我能看出来，它们都在被人精心照料着，这里到了春天一定会非常漂亮。”徐宁说，“植物是世界上最好的装饰，它能让人激发出更多的创造力。”

身为创意公司创始人的徐宁其实很擅长设计和装修办公室。但在疫情期间，全国很多城市的室内装修工程都被迫中止，德必恰好提供了拎包入住服务。徐宁在东枫德必 WE 里溜达了一圈，看到园区中便利店、咖啡馆、食堂等各种生活配套设施一应俱全，楼内每一层的洗手间和各种公用设备都被养护得很好。

就在徐宁未来的办公室外，有一个精心设计的共享区域，还设置了色彩明亮的卡座和吧台。“我第一次看到这里的时候，就觉得太棒了，这简直是送给我们的一个额外大礼包。”徐宁说，“公司来了客人，或者同事们想换换环境时，还可以挪到外面来坐。”

创意公司如何找到称心如意的办公空间，有些人将其归入风水理论的范畴，徐宁则更愿意将其形容为“气味相投”。像亚美地这样的中小型企业寻找办公空间时，自然会把地段和性价比放在第一位，但最终拍板的决策者们内心都有一个自己的计分卡。徐宁的计分卡上最重要的指标包括了“舒适”“激发创造力”“连通性”“管理良好”等一系列需求。初见之下，德必的办公空间就已经满足了他的绝大部分要求。

徐宁说：“就冲这几点，我马上就决定入驻了。”事实证明，他的选择是正确的。到了春夏两季，东枫德必 WE 中繁花似锦，竹影婆娑，楼内的花草树木也是一派生机勃勃的景象。疫情使得徐宁和同事们更重视健康和运动，他们经常会抽时间去不远处的下沉花园里散步，呼吸一下新鲜空气。

东枫德必 WE 为徐宁和他的团队提供了长时间办公所需的绝大部分设施

与服务，例如便利店、食堂和咖啡店等。园区的设计者对私密空间和共享空间的平衡把握得恰到好处。关起门来，徐宁可以在公司内部按照自己的需要来布置工作区域，同时他还和友邻们分享了一个公共空间，他说："一年四季，我们的办公室外都有被精心打理的绿植，这样的环境让人心情愉悦。"这些都是一开始就吸引徐宁入驻东枫德必 WE 的重要原因，入驻后，他更是感受到设计师在细微处的用心，这让他在日常工作中获益良多。

徐宁尤其喜欢利用办公室外的共享吧台和卡座，德必设计师恰到好处地控制了共享空间的舒适度，既没有喧宾夺主，又能让人迅速转换心情。亚美地门外的吧台旁树影婆娑，像个小森林一样，空间的色彩明丽热烈。徐宁和同事们一般会跑到这里来开会，"去花园还需要走一段路，但是吧台的设计让我们一出门就能马上换一个环境，有的人站着，有的人坐在高凳上，大家迅速就一个问题展开讨论然后得出结论。我发现，这样开会的效率能提高很多。"徐宁说。天气不好的时候，他和同事们不用出门，到植物旁坐一会儿就能放松心情。由于要长时间关在办公室里构想展览的呈现方式，处理各种烦琐的事务，所以植物是亚美地员工最喜欢的减压装置。

类似的共享空间在整栋楼里分布得当。在室外，设计师还通过绿植和桌椅创造了一个个小型的私密空间。"无论是开会，和人见面，还是出去抽烟，你只要稍微走动一下就能进入不同的场景，这种转换能迅速帮助我们转换心情、清空大脑，对长时间思考问题和寻找创意灵感的人来说，这是非常贴心的设计。"徐宁说，"只有在这儿上班的人才会明白我说的'舒服'是一种什么感觉。"过于炫酷或时髦的设计，一开始会先声夺人，最终可能让人心生厌倦。而舒服才是由空间细节和园区服务构成的无可替代的加分项，也是东枫德必

WE 最终能留住徐宁的原因。

徐宁在东枫德必 WE 的“邻居们”，包括人工智能科技公司、影视制作公司、互联网企业、视频制作公司以及一些其他类型的创意企业。其中，很多公司都像亚美地一样，在各自的细分领域中有很好的口碑和实力。最终，它们都扛过了疫情对业务带来的冲击。园区中绝大部分企业的经营状态是稳定的，这也有助于人们守望相助，减少疫情带来的焦虑情绪。

随着疫情得到有效控制，线下消费场景与人们的工作与社交生活重回常态，亚美地也得以再次开展业务。2021 年，徐宁额外拿到了两个世界级文化 IP 的运营权，团队规模很快就超过了疫情之前。徐宁说：“你说这是风水也罢，运气也罢，反正我们在这里很快恢复了元气，开始了下一轮增长。”

2021 年初，徐宁进行了一次业务扩张，在成都设立了办公室。成都的创意产业园很多，性价比都很高，他们看了不少，但总感觉有点缺陷，不是特别满意。徐宁和同事们最终来到成都市锦江区桦彩路的一个创意产业园。“进去一看，植物繁茂，空间里的每个细节都做得很妥帖、舒服，不知道为什么有种熟悉感。”徐宁说，“再回过头去看园区的招牌，我乐了，这不还是德必的园区吗？”就这样，他在两年内成了德必的“重度用户”，在成都刚建成的德必川报易园中也拥有了一个办公室。

“一般来说，人们会认为一个地方最重要的资产是有形物，就是类似停车场、办公楼这样的硬件设施，我当然也很重视这些。”徐宁说，“但创意工作者更需要一个鼓励他们去参与、沟通、分享与合作的环境，如果这个环境和企业的调性相符，就能为身在其中的人们创造出更多价值。”

在北京，徐宁所在的东枫德必 WE 的氛围是专业、稳定和欣欣向荣的，在疫情之后，其中的绝大部分公司凭借实力迎来了业务的复苏或再度增长。而在成都，徐宁入驻的德必川报易园则更为自然、舒放，园区内驻扎着大量与亚美地规模类似、在某些细分领域相当活跃的中小型创意公司，再加上成都特有的休闲文化，园区里的气氛十分轻松和活泼。徐宁说：“大家经常一起交流，参加园区举办的活动，有种大学班级里组织郊游的感觉，园区中的一些公司后来也参加过我们供应商的招标。”

“透过在软件或硬件上很小但处理得很妥帖的一些细节，我有时候在想，德必园区的设计者应该是个非常不错的产品经理。”徐宁说。作为一个对空间和创意极为敏感的人，像徐宁这样的用户每时每刻都在通过自身体验与园区设计师进行着虚拟的对话。从这个角度来看，他和德必的设计师是同道中人，他们都相信在某些特定的区域或环境里，通过设计并综合软件与硬件，将会产生一种很难定义和量化的价值。这些价值或气氛是由使用者的感官经验所形成的，它能决定这个特定的区域或环境的成功概率。这些拥有特殊气氛的区域会特别吸引某些人，他们会一再前往，或选择长久地沉浸在其中，以响应内心深处的需求。

但空间和人的关系，也并不是一成不变的。虽然像谷歌这样的企业一直以能让每个员工自发、愉快地长时间地待在办公园区著称，但在疫情席卷全球之后，谷歌发现，员工们正在逐步寻找工作和生活的平衡点。人们不再以长期待在办公室为荣，更想获得工作的灵活性和自主性。疫情让人们学会了更加珍视生活，并不由自主地调整了生命中很多事物的权重。同样，WeWork 的一份调查报告也显示，疫情给租户和空间运营服务商都带来了很多不确定性，那些活跃在共享空间的创意企业中，42% 的企业都在计划采取措施重组办公空间，以应对经济及社会环境带来的挑战，比如重新设计、调整或搬迁办公室、工厂或仓库等。

德必集团的两位创始人——董事长贾波和总经理陈红，就是德必空间产品的产品经理。**他们认为，“从社会、功能和情感层面，去不断理解和及时回应身在空间中的人们的需求，是这个产品能够获得用户喜爱的要诀”。**在一切设计理念的最底层，理解人在场景中的感受才是至关重要的。只有把用户内心深处的渴望挖掘出来，最终用一种正确的方式将之落实在空间里，才能为用户创造出真正的价值，帮助他们更好地工作和成长。

这和徐宁作为创意工作者和创意空间用户的感受一致。“在德必园区里的这段日子，是我创业以来心里感觉最踏实，也是创造力最活跃的时期。”徐宁说，“我想我终于找到了让创意在空间中自由生长的奥秘。”

01

理想的创意空间应该是什么样

空间设计师的
工作价值体现在
使用他们产品的用户
能够借助空间所激发的
创造力来完成工作。

无论人们的工作方式在疫情期间遭遇了怎样的颠覆和重构，创意经济，或者说以创意的生发和创意工作者的紧密协作为核心的轻资产企业，已经展现出了很强的抗风险韧性，并在全球经济全面复苏的进程中发挥着越发强大的作用。

创意从哪里来？创意工作者如何激发自身潜能？创意型企业的管理者如何提高一群拥有“创意大脑”员工的工作效率，来创造更多的经济价值和社会价值？要回答这几个问题并不容易。让我们先围绕“理想的创意空间应该是什么样”这一问题，看看设计师、管理学家和企业家们有过怎样的争论。

第三空间与办公空间的进化

从当前空间设计界的潮流来看，围绕“未来办公空间”这一主题的讨论是“智能工具的发展是否会让办公空间消亡”，尤其在疫情期间，居家办公迅速成为焦点话题后。但时至今日，相关研究依然表明，办公空间不会消亡，只不过其概念、形态和范围将会发生巨大变化。

美国社会学家雷·奥尔登堡（Ray Oldenburg）在20世纪70年代提出了“第三空间”（The Third Place）的概念，这一概念被星巴克创始人霍华德·舒尔茨（Howard Schultz）援引为公司战略定位后，变得更加广为人知。所谓第三空间，指的是除了用于居住的“第一空间”和用于工作的“第二空间”之外，一种聚焦于社交属性的第三空间，如酒吧、咖啡馆、书店等公共空间。这种提法实际上还是以区隔为前提的，同时明确了第一空间和第二空间的边界，未来办公空间的发展趋势可能恰好与之相反。客观地讲，“第三空间”这一概念提出的时代，本来就处于工作空间与生活空间有明显区别的时代。在如今生活、工作空间边界日趋模糊的今天，过于狭窄地理解和限定各个空间的功能范畴已经不合时宜。

互联网的加速发展颠覆了传统时空的概念，近20年来，普通人家中的基础办公条件和办公室已经没有太大的差别。不仅如此，普通人的家居空间的功能也得到极大丰富，人们可以根据个人喜好来设计家居空间。一个家居空间从软件和硬件两方面来看，可以同时是家庭影院、音乐厅、图书馆、个人博物馆，甚至是餐厅、茶室和酒窖。虽然人们“死宅”的条件已完全具备，但是居家办公仍然不能完全取代办公室办公，例如，绝大部分的组织协作功能要在办公室里才能实现。在七宝德必易园租用办公空间的财经头条创始人许征宇的看法是，居家办公可以是一种补充方式，真正“出活”还得员工面对面沟通。许征宇说：“尤其是在头脑风暴环节，如果员工们通过在线语音的方式进行交流，那么真实的情况是，大家在家喝着茶，一人说一句后会议就结束了。这样的做法还能被称为‘头脑风暴’吗？想要让员工真正进入高效率工作状态，就必须让他们坐在一起，看着彼此的表情，甚至互相看着皱眉头，才能碰撞出思想的火花。与客户交流也类似，你得先与客户进行面对面的沟通，哪怕只是与客户见面喝个咖啡，之后再进行语音沟通，情况都会不一样。如果从来没有进行面对面的交流，后面的沟通肯定会出现一些问题。”

与家居空间的多功能趋势同步的办公室的智慧进化，不仅在功能上趋于多元，而且往广阔空间和前卫生态理念的方向拓展。创意空间从物理形态上讲，不仅包括办公室，城市的博物馆、美术馆、艺术节舞台、音乐会舞台，乃至街边步道都可以被视为创意人士的办公空间。传统意义上的办公室是一个房间，而我们现在所定义的办公室则可能是一方天地、一个社区，甚至是一座城市。所以未来工作方式的发展趋势并不是居家办公会取代办公室办公，而是家居空间与办公空间都会参与和融入某种创意社区的形成中。

巨头企业办公空间：自由与控制

我们走访了很多产业园区，并向入驻园区的企业客户询问他们对未来办公空间发展趋势的看法。一位 CEO 几乎脱口而出：“看看苹果新的办公空间就可以了，世界著名大企业办公空间的样子就是未来办公室的样子。”这应该是一种很普遍的认知。

不过，国外建筑评论界对这些巨头企业办公空间的评价，却没有这般乐观。批评意见主要集中在两个方面：一是巨头办公空间设计的目的是对员工实行掌控，二是巨头办公空间在设计时没有考虑与社区进行任何联结，更像是“无机的孤岛”式园区。

德必集团执行董事章海东在硅谷注意到两种不同风格的办公空间，一种对外开放（只限外部园区，非工作人员不能进入办公场所），其代表就是谷歌；另一种完全封闭，例如在 Facebook 的办公园区外围走一圈，你可能注意不到办公园区小门的存在，但等你拿到访客卡进去一看，在办公园区里面，餐厅、超市等应有尽有，完全是一个“独立王国”。

但无论是哪一种设计风格，以国外建筑界的评论看来，这些办公园区内部空间设计目标其实是一样的，即希望员工能在公司里待更长时间。章海东说：“办公园区已成为一个自给自足的世界，人们根本不需要离开园区去做其他事；事实上，在享用不尽的小吃和跑步机的陪伴下，你几乎无须挪动就可以活下去。”

福利水平提高和服务配套设施的不断完善当然是社会进步的体现，但老板作为企业的掌控者，提出这些设计需求的本意是希望借此把员工“圈在公司”。证据之一就是谷歌原则上不允许员工远程工作，在疫情期间，谷歌、苹果和 Facebook 等硅谷巨头不得不开放一些员工的居家办公权限，一旦疫情趋缓，这些巨头又纷纷要求员工尽可能回到办公室工作。

玛丽莎·梅耶尔（Marissa Mayer）毕业于斯坦福大学，1999 年加入谷歌，后来成为谷歌首位女工程师和女产品经理。2012 年初，作为谷歌副总裁的她被雅虎请去担任 CEO。很快，雅虎员工就得知公司将废除远程办公政策，所有在家办公的人都必须回到办公室工作。这引起了员工们广泛而强烈的愤怒，尤其是那些家中有孩子要照顾的员工，而这个时候的梅耶尔其实也是一位孕期准妈妈。

梅耶尔的决定引发了一场针对办公空间本质的广泛讨论，使这种“迎合人们一切需求的办公室典范（让员工待在办公室不离开）”面临着巨大的社会压力。2020年下半年，疫情稍有缓和的时候，谷歌就被报道正在想方设法吸引员工返回办公室工作。这一做法在当时一片“办公室即将消亡”的讨论中，多少有些悲壮色彩。

企业对员工的掌控在现实中有足够自洽的逻辑。大多数情况下，尤其是在企业上升期和鼎盛期，企业对员工的掌控并不会出现什么问题，甚至还可以成为一种激励员工奋发工作的动力。但当外部环境发生变化时，被人性化设计和福利设施暂时对冲掉的矛盾就会卷土重来。

关于企业控制与员工自由的话题正在全球引发热议，比“996”工作制在中国引起广泛讨论还要早一点。2019年，日本TBS电视台播出连续剧《我，到点下班》。在该剧中，吉高由里子饰演的女主角在每天下午6点都要准时下班，不然就赶不上在经常光顾的“上海餐厅”喝一杯下午6点半截止出售的半价啤酒。女主角因此被父亲痛心地指责“完全不具备日本传统职工的优良品质”。2021年6月初，亚马逊推出面向员工的安全健康项目Working Well，其中一项措施是在工厂中设立名为“AmaZen”的休息亭，员工在休息时可以去这个独立小隔间，跟着屏幕播放的视频进行放松训练或冥想。但这一举措在社交媒体上遭到大量网友抨击，大部分人认为“合理的工作和良好的工作环境远比移动的‘绝望的柜子’要好”。

无机的孤岛，有机的社区

西方社会对办公空间的批评包括两个方面：一是企业对员工的掌控，二是办公空间是孤立的。在李岱艾广告公司（TBWA/Chiat/Day）新的总部大楼刚开放时，建筑评论家尼古拉·奥罗索夫（Nicolai Ouroussoff）便称其为“乌托邦公社和奥威尔噩梦的结合体”。奥威尔噩梦指的当然是掌控；乌托邦公社说的是，这样的建筑在其所处的社区生态中是一种无机的、孤岛般的存在，既非生自其中，也与社区无关。

第二种批评源自城市规划师、作家简·雅各布斯（Jane Jacobs）关于美国主流城市规划的理论巨著《美国大城市的死与生》（*The Death and Life of Great American Cities*）。雅各布斯在这本书中花费大量笔墨描述了格林尼治村绝妙的交织布局，在那里“一定程度上一切都是‘有机’的，是城市居民共同滋养的成果”。

《美国大城市的死与生》在 1961 年出版之后的很长一段时间里都没有引起读者的重视，但在 21 世纪几乎成为建筑评论界的圭臬。但始终有人认为，其中的观点过于理想主义。支持与反对这本书观点的阵营都不乏大师级人物。

这种关于公司与社区、办公空间与家庭生活有机关系的讨论，并不仅仅具有建筑设计学意义。比如德必园区在日常运营中和所在地区发生大量关联，园区的一个重要职能就是，一边帮助企业从属地政府落实种种政策优惠，一边协助属地实现企业落税。

从创意空间的角度来看，掌控是一个关于创意底层逻辑的问题，有机和无机讨论的则是这种逻辑效应所能形成的“场”的边界。

打造理想创意空间的理论基础

促生心流：抓住创意工作者的心

有“心流之父”和“世界上最伟大的积极心理学研究者”之称的匈牙利裔学者米哈里·希斯赞特米哈伊（Mihaly Csikszentmihalyi），在他历时30年、访谈包括14位诺贝尔奖得主在内的91名创新者之后完成的《创造力：心流与创新心理学》[①]一书中提出以下观点。

> 许多文化都认为，物质环境会对我们的思想和感受产生深刻的影响。圣贤选择在岛上雅致的亭子里或陡峭的凉亭里写诗；印度婆罗门退隐到森林里去发现隐藏在虚幻表象背后的现实；基督教修道士很擅长选择最美丽的自然之所。在欧洲国家中，特别值得欣赏的山地或平原以前一定建有修道院或寺院。
>
> ……人们认为，这样的环境能激发思维，恢复头脑的活力，促

①《创造力：心流与创新心理学》（*Creativity: Flow and the Psychology of Discovery and Invention*）分析了91名创新者的人格特征，以及他们在创新过程中的“心流”体验，提出了令每个人的生活变得丰富而充盈的实用建议。该书中文简体字版由湛庐引进，由浙江人民出版社于2015年出版。——编者注

进创造力的产生。

希斯赞特米哈伊所研究的“心流”概念，是指人们在专注进行某项活动（如工作、学习等）时的心理状态，是一种将个人精神力完全投注在某种活动上的感觉，是人脑最有效率的状态。然而，他的研究发现，心流有些“不确定性”。

> 不幸的是，没有证据（也许永远都不会有）可以证明，令人愉快的环境能够引发创造力。尽管确实有很多富有创造力的音乐、美术、哲学及科学成果是在极其美丽的环境中被创造出来。如果它们的作者被局限在车水马龙的城市小巷中或者贫瘠的乡村旷野中，是不是就不会创造出同样的成果呢？没有一个研究能回答这个问题，而且富有创造力的作品是独一无二的，因此很难实施一项控制实验。

希斯赞特米哈伊通过研究发现，很多富有创造力的人士的思维活跃度与周边环境是密切相关的。不论是在花园中闲坐、长时间散步、与朋友们交换意见，还是仅仅离开办公桌随意活动，短暂而迅速地切换一下身边的小环境，如果创意工作者们在焦灼、艰难的思考中能够身处激发创造力的场景并将自己的注意力从正在思考的难题短暂移开，去感受周围环境的变化，就更有可能找到更好的解决方案或者重新审视自己面临的问题，换个思路，再次开始探索的旅程。

这就如同登山，攀登者未必能够一路向上、顺利登顶，他可能会迷失方向，又或者陷入面临选择、不知所措的窘境。但是，在这个过程中，倘若攀登者能仔细观察周围环境，及时转换视角，大胆尝试变化，或许就能独辟蹊径，继续前行。

不只希斯赞特米哈伊这一位心理学家在探究激发创造力的奥秘。自从现代办公空间在商业社会中出现之后，一个多世纪以来，想解开这一复杂因果关系的企业、管理学者、社会学家、艺术家，甚至社会活动家、未来学者，都尝试过回答这个问题，也总有人继续寻求关于这个问题的更理想的答案。或许正如哲学家尼采所说，“评价就是创造”。你怎样回答一个问题，也表明你会怎样去做。也正因如此，回答才有意义。真正有价值的问题无法由别人代答，有价值的问题往往意味着珍贵的契机，可以让答案通过提问者创造出来。

现代办公空间的设计师就是不懈尝试提出更好解题思路的一个群体。空间设计师的工作价值体现在，使用他们产品的用户能够借助空间所激发的创造力来完成工作。然而，设计师们想要为空间产品构建一套有效、吸引人的产品逻辑，并不容易。其中最主要的原因是，空间设计师们服务的对象是创意工作者——这是世界上最难定义和取悦的一类客户。创意工作者千人千面：一些人感性、凭直觉做事，另外一些人思维严谨、有条不紊；一些人在工作时会因为周边的人声鼎沸而让他们的头脑运转得更快，另外一些人则只有在安静的环境里才能保持专注；一些人喜欢与团队成员挤在一起，另外一些人需要界定清晰的边界，确保工作的私密感。此外，很多创意工作者的工作方式还可能随着项目的不同阶段而发生改变。而且，创意（无论是文化创意还是科技创新）这种思维活动不像事务型工作那样有流程和规律可循，它的生发过程十分玄妙，既需要创意工作者在办公桌前埋头苦干，也需要创意工作者暂时离开工作场所，去做一些看上去与工作无关的事情，以激发他们的创造力。

无数研究证明，一个人的创造性思维能否变得更为活跃，与周围的环境确实是有关的，但绝非简单的因果关系，也很难量化。

另外，在现代商务活动密集的城市中存在着大量的老旧建筑，许多办公空间设计师的工作，是基于对老旧建筑进行翻新改建和赋能展开的。在“城市更新”的范畴中，设计师面对的绝大多数建筑，如工厂、仓库等，一开始都不是为办公这一目的建造的，其中存在着大量消极空间（negative space）[①]。简・雅各布斯在观察了自己居住的社区对旧建筑进行的改造后，发现这样的做法可以减少成本，更能吸引创意十足的小公司。雅各布斯总结说，要想吸引那些充满活力、风格随心所欲和追求与众不同的创意工作者，“旧观念有时能用在新建筑上，但新观念一定要用在旧建筑上”。这就对空间设计师们提出了更大的挑战，他们需要在有限的条件下，采用有创意的手法，将各式各样的消极空间变得更为积极和实用。

如果仅从空间产品的角度来看，空间设计师们常用的“创意元素”是有样板的。以谷歌为例，自 2003 年谷歌搬入名为 Googleplex 的庞大园区之后，它开放的工作区域和充满奇思妙想的公共空间，就成了创意工作者在创造理想工作环境时最主要的参照物。2010 年之后，“共享办公”这一概念兴起，众创空间 WeWork 的设计理念一度风靡全球。几乎每个空间设计师都能快速罗列出一些广受创意工作者们欢迎的空间元素，例如，开放的布局、挑高极高的天花板、舒适的公共空间、大量的休闲娱乐设施、绿植与精心设计的灯光、艺术品或“酷范儿”十足的室内软装等。

① 相对于积极空间，消极空间指不设定人的有目的活动的建筑外部空间。——编者注

但日本著名建筑师安藤忠雄总结，面对建筑及空间，空间设计师最终还是要“将人们的生活感受作为基础经验主义方式来进行思考”。在一个人们要长期居住或工作的空间或建筑里，叠合着人的身体性、对工作和生活的真实感受、设计者本身的想法、来自外界的影响和使用者各式各样的需求。在安藤忠雄看来，即使空间设计师事后在对一个吸引人的建筑或空间进行复盘时，能总结出它所具备的所有成功要素，但如果他们不注入思考与感情，在以后的建筑设计中只是一味机械地复制、组合这些要素，都不可能真正抓住使用者或在其中长时间生活的人的心。

安藤忠雄的看法在某种程度上，也被中国创意产业园发展过程中出现的问题印证了。在国务院印发的《文化产业振兴规划》引导和带动下，在过去20年里，中国各省市和国家级的各类科创和创意产业园不断涌现。但在这个竞争激烈的市场，园区重复建设、同质化等问题也在变得日益突出，产业园的空置率在不断上升。这充分说明，在空间产品层面上，如果空间设计师一味模仿谷歌或WeWork的风格，仅仅在空间里不走心地放入一些大众所熟知的设计元素，如现代雕塑、工业风的装饰、休闲设施、绿植等，是无法让产业园区这种空间产品具有真正独特的吸引力的。

想要打造一个独一无二并能激发用户创造力的空间产品，空间设计师必须深入思考如何解决希斯赞特米哈伊在心流研究中提出的问题：如何将令人兴奋和让人安静思考的环境叠加起来，如何为身在其中的人提供行动的自由、交流的便利，并尊重个人的创造力。实验证明，当创意工作者可以更加自由地掌控和改变周边的创作微环境，使之更符合个人需求时，才会显著提升创造力。空间设计师不仅需要贴心地创造出创意工作者们所需要的空间环境，还要为人们留足在其中自由改变和腾挪的余地，才能让心流更为自由地流淌。

液态环境：营造创意生产力网络

20 世纪 90 年代，美国心理学家凯文・邓巴（Kevin Dunbar）绘制了一份产生好创意的信息地图，他把有利于信息交换与流动，因而也有利于创意产生的机制称为“液态环境”，反之则是“固态环境”。从那之后，建筑学家和室内设计师也开始研究如何创建一种新的工作环境，从而为促进信息的液态流动提供更为稳定的支持。

“空间究竟能为人们的工作和生活带来什么样的改变，确实很难测算和量化。”陈红说，“但从我个人的角度来看，好的空间产品应该能转化为一种新型生产力。比如，待在德必的园区里，个人的创造力能够得到提高；创业者或中小型企业主的事业发展顺利，他们能获得更多的机遇。哪怕这个空间仅仅能让大家每天上班时觉得心情不错，这也是一种生产力上的提升。”

在德必，总经理陈红负责领导设计师们进行空间设计，他接触到的德必客户都是创意工作者。不论是文化创意还是科技创新，他们面对的客户基本上是高学历和知识密集型的，这类客户所具有的创意及创新能力，代表着中国未来的生产力。德必将自己服务的绝大部分企业归为“轻公司”这一类型，从某种意义上来说，这也是德必这家总部位于上海、以产业园区开发运营为主业的企业对核心客户的标准画像。“这些人的工作压力、生活压力、工作强度都很大，我们做园区的初衷就是为这些人提供一个好的工作环境，让创意工作者们能够在其中缓解压力，提高工作效率，并让创意工作者提出更多、更好的创意。”陈红说。

根据陈红个人的体验，再加上和客户们的访谈、交流的结果，他认为，如今创意工作者们的工作时长绝非每天 8 小时，要想出好创意，人们即使形式上已经下班，但大脑仍旧会被工作占用，会在潜意识里持续斟酌和思考。“如今，创意工作者们在办公场所花费的时间越来越多，如果按 8 小时的工作时间来算，那么他们一天至少有 1/3 的时间是在园区度过的。”陈红说，“创意工作者每天的实际工作时长往往多于 8 小时，因此，我一般是以 8+3（11 小时）为基础，去考虑园区空间要为他们提供的服务。”

另外，随着移动互联网和智能手机的飞速发展，绝大多数创意工作者的工作和个人生活之间的界限变得越来越模糊了，体育锻炼、生活琐事、社交休闲、创意思考和短暂休息等各种各样的工作、生活场景会错综复杂地融合在一起。这种不断变化的工作模式对陈红和设计师们提出了更高的要求——空间设计师不但要为客户提供一个舒适的办公地点，还必须能帮助他们在生活和工作高度融合的情况下，随时随地自如地转变身份、状态和心情。

陈红认为，德必的空间产品必须具备以下两种功能：一是关注个体，为身在其中的个体提供舒适的工作环境，缓解压力，提振精神；二是建立连接，即营造一种交互的环境。这种交互是多个层面上的交互，不仅能让人和人、公司“邻居”之间增加交流，而且能让园区和所在社区最终呈现出连接与融合的状态，即在利于产生好创意的液态环境产生“水波效应”。这样一来，信息和机会就能在个人、公司、社区间顺畅地流动，为身在其中的人带来更多机遇以提升创造力。

陈红说："这就是德必在上市时将自己的主营业务归纳为'商务服务业'的原因。"从一开始，陈红就认定，德必的核心竞争力是创造出一个独一无二的空间，在这个空间的基础上，再辅之以各种运营和服务，最终创造出一种以客户体验为中心的特殊产品。

"很多用户形容自己待在德必的园区中的感受时总会说'很舒服'。"陈红说，"不要小看这个词，'舒服'是一种很难量化的感受，它最终会转化为一种无可替代的信任和依赖，从而提高客户的黏性，为德必建立起牢固的品牌护城河。"这种体验的背后，其实就是德必在空间产品中嵌入的独特设计原则在起作用。有了这种体验，再加上德必业务体量的不断增长，以及园区在各个城市的合理分布，最后就能出现"德必现象"——有不少客户因为公司成长而不断扩大租赁面积，在原有园区不能满足公司业务不断增长的情况下，不得不"搬家"，但无论"搬"到哪里，这些公司总会首选德必的园区。

德必集团的两位创始人——董事长贾波和总经理陈红认为，"这种能给用户带来真正价值和独一无二体验的空间产品，就是德必的核心竞争力所在"。**他们把通过创新空间设计，最大限度且持续改善创意工作者的环境体验，进而激发灵感，提升效率，也即创意空间对创意人士的独特赋能，称为"空间生产力"。**

02

创意空间设计底层逻辑

空间产品的底层逻辑，
应该是对人性的认知，
建筑设计规则
不能凌驾于其上。

人不能做超出自己认知的事。创意空间的设计师看似拥有恣意发挥创新灵感的舞台，但具体的空间产品设计同样需要设计师先建立一个普遍适用的认知基础，即创意空间能够为创意精英提供的价值。

广泛意义上的创意产业兴起的前提是工业经济时代向知识经济时代的转变。2021 年底，德必文化创意设计院[①] 在向德必提交的《关键任务计划书》中分析了这一转变过程中办公需求变化出现的“三个注重”。

- 从工业化到信息化：注重分享、交流和创新；
- 从关注企业到关注个人：办公形式更加注重个人的体验；
- 从等级清晰到平等、放松：更注重工作氛围、人与人之间的平等对话。

基于这些办公需求的变化，德必文化创意设计院从四个方面确立了德必的空间设计理念。

① 德必文化创意设计院成立于 2013 年，由陈红担任院长，为集团进行文创产业园区整体规划设计及空间产品的研发。设计师们已经完成了德必易园、德必 WE、德必运动 LOFT 等系列产品的开发与近百个园区的规划设计。

- 情感链接（affection）：创造空间环境与人、人与人的深度情感链接；
- 丰富多元（variety）：以人为本的丰富多元的空间和配套设施；
- 低碳环保（low-carbon）：基于碳中和、绿色环保的人与自然和谐共生的工作空间；
- 智慧科技（intelligent）：基于智慧科技赋能的人性化空间环境体验。

上述四个方面可以归纳为一个核心，就是“空间环境的人性关怀”。

从实际操作的角度来讲，上述四个方面可以归纳如下：为创意工作者营造一个全天候、分场景、无痛点的舒放环境，这就是德必空间设计不变的底层逻辑。

超级用户视角：发现真实需求

星巴克创始人霍华德·舒尔茨说过，他跳出了“卖咖啡”的思维惯性，意识到人们享受咖啡的关键在于喝咖啡的过程能营造一种聚会式的、艺术感很强又能连接日常生活的氛围。这一思维转变，最终造就了星巴克如今风靡全球的空间设计风格。而日本最时髦的书店“茑屋”的创始人增田宗昭则说：“必须持续关注来自消费者（顾客）的观点，这是我一直以来最在乎的事情。”增田宗昭成功地涉足书店、电器店、百货店等不同业态，他经营成功的秘诀就在于始终“让自己站在圈外人的角度来思考，从这样的视角来看待商店及商品就会发现有太多东西必须改变”。连锁便利店 7-ELEVEn 的创始人铃木敏文也一直强调，想在零售领域中不断创新，就必须抛开“便利店”这一狭窄的专业领域去思考，要通过与顾客面对面的交流深刻理解顾客的心理，做到对顾客需求的感同身受。

以上几位世界知名的创新型企业家的思考表明，要想以创新能力打开市场竞争的格局，一种必要的做法就是“转变视角”。创新学研究者、哈佛商学院教授克莱顿·克里斯坦森（Clayton M. Christensen）对此总结说，用过于简单和传统的方法看待竞争与创新，无非就是将市场上同类公司现有的产品和服务集中放在同一个赛道里进行比较，力争做到最佳，这是最常规，但也是最不可能出彩地创新产品的方法。要想深刻、完全地理解客户的需求，只有转变视角，从“需要帮助他们完成哪些任务，解决什么问题”的思考角度，或者像陈红所说的那样，以“长时间待在这个空间里也会很舒服”为核心去思考，才有可能找到客户期望的本质，从而创造出他们真正需要的产品和服务。

从世界范围来看，办公空间设计越来越像是一门综合性学科。室内设计师、建筑师、空间规划师、产品设计师都在其中贡献灵感，努力使自己显得更加重要。一些前沿公司甚至应用了人类学方法——参与观察（Participant Observeration）、影像民族志（Video Ethnography）和对象测试（Object Testing），来理解办公室人群的行为，并据此改进设计方案。

在办公空间的演进史上，一位无法回避的人物是开启了办公室开放设计风潮的罗伯特·普罗普斯特（Robert Propst）。没有经过任何设计方面的专业学习和训练，反而成为普罗普斯特的优势，使他摆脱传统设计的束缚，能够探索一些更深层次的问题，并提出解决方案。据说，同普罗普斯特一起工作很是“精彩”，只需要一个小时，他就能重新“发明”这个世界，他的思路像烟花那样绚烂。

克里斯坦森建议创新者们用分析故事的方式去理解和描述消费者所做的选择、遇到的困难，而不是将其简化为数据和理论。

> 一家公司不理解客户为何会选用其生产的产品，或者为何选择其他公司的产品，那么即便这家公司持有的数据再多，也不可能实现创新。

克里斯坦森推崇的这种构建产品的方法更像一种整合工具，需要大量的实地走访和与客户的接触。一个敏感的创新者不但可以从自身角度挖掘出“需要完成的任务”中功能性与实用性的部分，也能从面对面的用户访谈中去慢慢触及消费者们看不见、说不出，但又至关重要的功能与情感层面的需求。克里斯坦森认为：“最好的办法，是把对客户需求的所有认识拼凑成一个统一的画面，想象自己正在拍摄一部纪录短片。”

而德必这部空间产品研发纪录片的主角，应当就是一个在园区各种场景中穿梭且时常需要获得帮助的用户。

灵感源于自由：潜意识舒放设计

陈红本人就是创意产业园区的超级用户。就像他自己说的那样，从寻找合意的办公地点到装修属于自己的办公空间，对他来说，把这些感受和故事连起来就像拍了一部纪录片，“对于其中的每一个场景，我都是亲身经历过的”。

陈红是资深广告人，是最典型的创意工作者。20 世纪 90 年代初，他在广州加入了广告行业，广告业是当时中国最富有活力且竞争最为激烈的创意产业之一。当陈红开始为自己创办的广告公司寻找办公地点时，也面临了中小型创意公司最典型的窘境——当时市面上能供他们选择的除了国有企业中偶尔能腾出的一些剩余空间，就只有民房了。“那时候，广州真正高级的写字楼很少，价格也很贵，我们这个规模的创业公司肯定负担不起高昂的租金。我曾经租过民房的两室一厅，也租过图书馆，还租过其他单位的半层楼，就是那种有点类似大院家属楼的地方。”陈红说，“那些地方闹哄哄的，但是大家反而觉得很自在，很有活力，就是有时候客户来的时候会觉得，你们这个地方怎么这么乱。”

广告行业需要团队协作，但又强调个人创意的重要性。在美国，从 20 世纪初开始流行的开放融合办公空间的革新基本源于广告公司。这一点儿也不奇怪，因为广告人必须经常在一起待着，让私密空间和共享空间相融合，才能不断交流并激发出彼此的灵感。陈红已经意识到创意工作者对办公空间最重视的两点：首先，他们喜欢不那么中规中矩的环境，自由和宽松的环境能让他们产生灵感，并提高工作效率；其次，办公空间在为创意工作者们自身的格调与气质代言，对于外界来说，它也是一种营销工具。如果有条件的话，创意工作者们都希望自己的工作场所的调性既能让来访者感受到他们的活力，也能为公司的实力背书。陈红说：“后来我们做德必园区的一个最主要的想法，就是帮助那些充满创造力的中小型企业找到一个有品位而且适合自己的地方，让他们从各种‘名不正，言不顺’的空间里搬出来。”

广告人一旦做起项目来往往要不眠不休地连轴转，为满足甲方的要求或追求作品尽善尽美而绞尽脑汁。陈红也曾经因为压力过大而将上班视为畏途，还出现过连续忙了几个月之后，在家中的浴室里忽然眼前一黑，一头栽倒而不省人事的状况。陈红说："从那个时候起，我就很想创造能为做高强度脑力工作的人减压的环境。"在陈红看来，植物、水、阳光和土地这些能让人们"接地气"的自然元素，是最佳的疗愈装置。已有的科学研究结果也支持他的观点：人进入有植物的房间可以降低血压并提高工作效率，此外，植物还能够制造氧气，可以帮助人更轻松地呼吸，缓解压力。

"我自己感觉，沉浸在大自然中是最快乐的。因此，做德必易园系列产品的时候，我想做的第一件事就是还原自然环境，尽量把原来封闭的空间打开，把水景、阳光和绿植引入人们工作的空间里来。"陈红的这些切身体会，直接构成了日后德必易园系列和 WE 系列舒放型空间设计的重要原则。他始终希望在工作和生活中，"让人能和自然高度融合"。

陈红也是在广告界中最先接触到类似谷歌 Googleplex 环境的空间用户之一。在广告公司工作期间，他经常在一个台湾导演在上海成立的影视后期工作室里做广告片的剪辑。他说："我对那个工作室的印象特别深，那个工作室就在苏州河旁边的一个厂房里，除了制作人员用的工作间之外，外面的大空间里不仅放着自动售卖机、吧台、冰柜，还放着一个拳击台。我们当时连轴转地剪片子，累了就在那儿抡两拳换换脑子，或者喝上一杯。"陈红觉得这个工作环境特别"酷"，"那个厂房破破烂烂的，有时候还漏雨，当时这个工作室没有足够的资金在建筑上做大的改造，只是把漏得厉害的地方补了补就搬进去了，可这样的环境确实能让人放松，也能提振人的精神。"他说。

这类工业风与原生态环境相融合的空间能提供一种很特别的体验。作为创意工作者，陈红本能地喜欢这种来自感官和视觉上的刺激。事实上，后来的谷歌 Googleplex 就是按类似逻辑构建出来的：风格化的内部空间设计、美味的食品、咖啡、娱乐设备、跑步机和办公桌穿插摆放，创意工作者能从聚精会神的工作状态很快转换到放松和娱乐场景里去。这样的环境不仅有利于让人们长时间保持高效率的工作状态，还能让人们在放松的状态下继续思考问题，在不知不觉中求得最佳答案。

由于陈红自己就是创意工作者，这些有关客户需求的认知，其实早已经自然而然地在他的脑海中沉淀下来了。就像克里斯坦森形容的那样，这种对客户体验的发掘，更像以陈红个人的体验为核心拍出的一个故事短片。客户体验由各种鲜活的需求场景组成，而非堆砌冷冰冰的数据或统计资料。

陈红说："使用场景化这种方法，能让我们把注意力集中于人们在空间中遇到的真问题上。通过实践，你就会发现，一个真正好用的空间产品，既不用像传统办公楼那样把楼内装修得多么富丽堂皇，又不用像公园那样把室外景观做得多么艺术化，而是要能回应人对空间真正的渴望和需求。"

曲径通幽，"过滤"一身的焦虑和烦躁

陈红举了个例子，用以说明超级用户式的思考，是如何让自己跳出行业和设计的原有思维窠臼的。位于上海市静安区彭江路 602 号的大宁德必易园，距离城市主干道需要步行十几分钟。当初，无

论从实用还是设计的角度看，绝大多数人都觉得这个地方很不适合做园区。但陈红从客户体验的角度来考虑，却觉得“曲径通幽”会是大宁德必易园的一大优势。陈红说：“绝大多数人不是匆匆忙忙到这里来打个卡、办点事就走的，他们要在这里待上整整一天，并不需要频繁进出。因此，你需要想象和体会的是以下这个场景：日常忙碌的一天即将开始，一个在大宁德必易园工作的人从公交或地铁上下来，他很可能已经被挤成了‘纸片人’，心浮气躁，疲惫不堪。但只要花上一点时间，他慢慢穿过竹林和大片的绿植后进入园区，很快就会把一身的焦虑和烦躁给‘过滤’掉。”

按照陈红的想法，德必的设计师们在这条通向园区的小道旁栽种了大量竹子，并在入口处种了一片竹林，还原了天然野趣。在园区里，设计师用德必易园标志性的黑白两色建筑，搭配硬朗的青砖和成片的景观与绿植。通过座椅和植物的围挡，他们还在园区的荷塘旁和庭院里巧妙地设计出了很多可供人闲坐的空间，这些设计手法让大宁德必易园的风格变得现代、简洁且兼具休闲感。同时，考虑到需要迅速进出园区的来访者和客户的需求，陈红后来在这段进入园区的道路上还配备了两辆接送人的电瓶车。

事实证明，陈红作为超级用户的想象力，确实让从交通上看本不占优势的大宁德必易园赢得了入驻客户的喜爱。很多人都用“世外桃源”“曲径通幽”这样的词语回应他的设计初心。

“规划园区时，首先要从长时间在园区中工作的人的角度进行思考。”陈红说，“设计师们一开始总不明白我的想法，因为他们是从专业角度去考虑问题的，想的是如何把建筑和景观设计得更美，怎样符合设计规范和原则。但我想的是长时间待在园区中工作的人的心理状态，以及他们到底需要什么，人和人之间能发生什么故事，怎样才能让人和这个空间发生一些自然而然而又很有趣的联系。说白了，就是得把人在空间中的渴望和需求弄清楚。”陈红认为空间产品设计的底层逻辑，应该是对人性的认知，建筑设计规则不能凌驾于其上。

陈红所使用的方法和当今许多成功企业的创始人所推崇的“站在客户角度去思考问题”是一致的。产品经理们希望能深刻、完全理解客户需求，最好的办法就是变身为超级用户。真正敏感的产品经理在从客户角度思考后，找到的“消费者洞察”既基于对产品功能的需求，又高于消费者期望的需求——这是消费者在日常生活场景中衍生出来的最真实的内心期许，有时他们自己都不一定能完全察觉到这种需求。

脑洞大开，把大堂屋顶掀掉

“这不是一个设计师能做出的决定。”在德必文化创意设计院办公室，设计部经理颜术在电脑上展示着各个园区施工改造的前后对比，他现在展示的正是德必外滩 WE。

德必外滩 WE 原址为上海华商证券交易所的所在地，该交易所拥有一栋前后 5 层、中间 8 层的“工”字形结构建筑，是中国最早的股票公债交易所。该交易所建成后，当时上海的证券市场得以统一。经该交易所审查通过的股票多达 199 种，这使它迅速成为远东地区最大的证券交易所。

上海华商证券交易所所在的九江路有“东方华尔街”之称，在这条不长的路上，聚集着花旗、三井、德华、安达等十几家外国银行，以及中源、仁德等国内商号。但 1934 年上海华商证券交易所甫一落成，就自动成为这条金融街的新地标。整栋楼的建筑面积达 17 000 平方米，其设计在当时极为前卫，这栋楼的 4 层到 8 层还有 60 多个客户房间。

改造一栋 80 年前建成的时髦建筑，使这栋建筑承担“中西结合，为办公空间注入全新活力”的使命，注定不是一件轻松的事。

德必外滩 WE 这个项目原定是上海 – 佛罗伦萨中意设计交流中心，与佛罗伦萨基地双城辉映。2015 年，德必投资了以“垂直森林”闻名的欧洲著名建筑设计师斯坦法诺 · 博埃里（Stefano Boeri）的博埃里建筑设计（中国）事务所，也很乐见这位意大利设计师把他独特的设计风格带到上海。对于德必外滩 WE 这个项目，博埃里的室内装饰设计没有问题，但在建筑外立面实施垂直森林设计方案时遇到了阻碍。按照垂直森林的设计标准，博埃里要在主楼外立面的每一层搭建平台，用于培土种树。这栋老建筑作为文物保护建筑，根据相关法律规定，无法进行垂直森林方案的设计。而且按照上海市城市规划，九江路也不允许做建筑向外延伸的操作。

博埃里在意大利出设计方案，在上海的德必设计师负责出效果图。但效果图刚出来，改造进程就遇到了麻烦，大家一时间竟不知道该怎样推动下去。另外，由于上海华商证券交易所是老式建筑，其大堂的采光问题也成为改造进程中一个棘手的问题。

最后陈红决定打破僵局：掀掉大堂屋顶！这一“壮举”和陈红一向有些跳脱的想法，被德必文化创意设计院的同事们称为“陈总的脑洞”。事后看来，这绝对是出奇制胜的一招，这一做法在当时必然会遭到很多反对并面临极大的阻力，但陈红仍坚持这样做。

“一个专业的设计师会提出很多种方案，但绝对不包括这一种，因为这超出了设计师的决策范围。”颜术说。事实证明，陈红的方案并没有改变老建筑的结构，既不违反文物保护规定，又没有违反城市建设的规定，这一做法成为德必改造旧建筑的重要标志性手段。

回头再看看上海华商证券交易所改造前的老照片，不能不说，陈红的“脑洞大开”，对设计团队、对后来的使用者，确实都有醍醐灌顶般的功效。

改造后的德必外滩 WE 并不存在无法安装空调的问题。失去屋顶的大堂向上直透天空，被四周的高层建筑包围，形成了一个敞开在自然环境里的中庭天井。中庭两侧的两层办公室墙壁全部被拆除，换上了定制的玻璃立墙；天井高层四面的墙壁也都被推掉，整体装上玻璃幕墙，每一层朝向中庭的幕墙上，相隔两块玻璃就有一扇窗户可以打开。

设计师们特意让交易所古老而坚固的结构钢梁裸露出来供人欣赏，然后在上面种满了花草，绿植几乎如瀑布一样倾泻而下。这既受到了垂直森林设计的启发，又是作为德必 WE 系列的第一个园区，在向德必易园系列的草木葱茏、自然舒放的风格致敬。说起来，陈红 2007 年底主导设计的第一个园区，也是德必拿下的第二个项目，就起名叫“法华 525 创意树林”。

德必外滩 WE 的大堂里自然也少不了绿植的环绕和点缀。不仅一层租户们坐拥一个露天花园，高层的租户在闲暇时俯视中庭也别有一番情趣，如果眼神好的话，他们可以透过中庭中央的透明玻璃地板看到 80 年前交易所地下金库斑驳的保险柜大门。

德必外滩 WE 7 层有一半的空间是浙江慕尚集团旗下服装品牌“言而简之”的办公室。该品牌的创意总监谭雯自从搬进园区后就有个疑问：园区的玻璃幕墙是不是被特别处理过？下雨的时候，雨滴落在玻璃幕墙上面滚动得特别慢，吸引人长时间观察，这仿佛是文艺电影中意味深长的空镜。不只是她一个人有这样的感觉，刚搬进来的时候，每逢下雨，几乎每个人都在朋友圈发过水珠“爬过”窗户的视频。

服装设计行业具有商业信息严格保密的特点，因此工作场所总要保持相对封闭。这层楼除了有言而简之在办公之外，另一半的空间也属于慕尚集团，言而简之相当于拥有一个私密性很好的独享空间。每当想放空头脑时，谭雯反而喜欢“跳脱”出去，透过中庭的玻璃幕墙观察各楼层公司的特点：从楼下一家公司办公桌椅的环形摆放来看，她猜想那也是一家创意公司；楼里还有做野营炊具的公司，谭雯猜想也许可以向这家公司借一些工具在自家露台上烧烤。

由于言而简之所在的楼层比较高，谭雯还能有一种特别的观感。德必外滩 WE 四周街区的建筑各有特点，露台一侧对着一片老居民楼，可以从露台看到人们在窗前活动：天气晴好的时候他们会晒被子；从露台另一侧看到的则是东方明珠和摩天大楼。这种视野通透带来的空间转换，对于身在德必外滩 WE 的创意工作者来说，是时刻都能享受的愉悦。德必外滩 WE 为自己的用户呈现出了既保留历史原貌，又独具现代空间元素的设计感。

营造空间生态，让心灵释放

其实，通透又美丽的中庭天井花园，在德必产品线中并非德必外滩 WE 所独有，类似的改造方案也在不少德必易园中有尝试。以这样一个点彻底激活空间并改变整个项目的消极颓势的案例，除了德必外滩 WE 之外，还有一个典型是杭州东溪德必易园。

“当时看到现场后，我内心是绝望的。”负责这一项目的设计师颜术回忆说。东溪德必易园位于杭州东站商务区，这一区域最早被规划为“东站配套的购物中心”，但是由于招商不成功，政府就把这个区域交给德必改造。这是德必成立以来接到的最大项目。这一区域连同主楼一共 90 000 多平方米。东溪德必易园所在区域属于裙楼，总共 3 层，超过 33 000 平方米。因为这一区域原本建的是商场，空间的要求与办公空间的差异极大，除了格局的差异外，主要就是采光的差异。商场对自然光几乎没有要求，反正白天也靠灯光来营造氛围。每层都有 10 000 多平方米，并且只有外围一圈有窗户——难怪设计师会发愁。

和大家熟悉的购物空间一样，这座未落成的商场也有一个大中庭，挑高 10 米。过来看了之后，颜术就下决心把这里的房顶掀开。这栋楼的工程质量极佳，德必花了很大的力气和代价才把原先的室内中庭屋顶掀掉。掀开房顶之后，整栋建筑的中心部位立刻有了光。

颜术把这个区域设计成了一个园区公园，边上有观景电梯，还“造”出了一条绵延的溪流，贾波为它取名为“东溪”，以致敬西溪湿地，东溪德必易园亦因此得名。沿着这条溪流，颜术又设计了一系列向杭州致敬的景观。在东溪德必易园，向上逐层有垂直的绿化景观，下雨的时候，雨水打落桂花树的花瓣，落到水面上慢慢漂移。颜术借用位列杭州新西湖十景之五的“满陇桂雨”为这种季节性的美景命名。

为了进一步增强内部采光并让空间变得更为活跃，颜术还在园区楼层深处设计了几个“树吧台”，在室内公共区域堆土，种上一棵树，然后围着树又建了一圈吧台，吧台就是个种树的大花盆，但也具备真实吧台的用处。在树吧台上方，颜术也对屋顶做了通透处理。

事实上，陈红追求的通透并不只限于屋顶，还有总体空间的舒适感。掀开屋顶不是目的，激活空间才是德必想要达到的效果。

像东溪德必易园这种受到采光限制比较大的园区，更是把追求空间的整体通透感放在首要位置，一直注重对公共区域进行改善和扩充。在2020年，一些公司因为疫情导致经营困难退租，德必集团杭州城市公司的负责人决定把总共700平方米的可出租面积改造成具有休闲和共享性质的公共区域——这些“留白”提高了整个园区的舒适度。很快，园区的出租率就又恢复到了96%。

从经营的角度来看，德必的设计改造方案，大都以牺牲可出租面积为前提。参照业内一般标准，上海七宝德必易园为营造空间生态直接损失了20%的可出租面积，杭州东溪德必易园刚开园时这一数字也达到了15%，后续逐年又有增加。这是一般物业公司或运营公司不可能考虑的方案，但德必也因此获得了空间产品品质、用户体验、高于行业平均的溢价乃至常年积累的品牌价值。

等待更新的城市存量资产，无论是厂房还是办公楼，基本上都属于上一个时代的工业景观，即使陈旧、破败，也不失一种秩序上的滞重感，甚至让人感到封闭和压抑。所以对这些城市存量资产进行改造的首要任务就是打通，使之成为能够容纳心灵释放、让人驰目骋怀的空间。一个多世纪的办公空间设计史，遵从的是提高流程效率的逻辑。德必空间产品也注重使用者效率的提高，所不同的是，德必更关心创意、创新的效率。

功能服务体验：人性化演进设计

在很多入驻园区的客户眼里，德必的产品已经具有非常鲜明的特征，让他们能够一眼认出："啊，这是德必的产品。"这些特点，无论是在人们购买空间产品的决策时刻，还是在入驻园区后的日子，都给他们的工作和生活带来了诸多乐趣和益处。

"德必园区的绿化特别突出，楼的主调一般是黑白两色，中间有大量的绿植和树木，你往这边走过来，远远一看，很容易就能从一堆楼里把德必的园区识别出来。别人第一次来我们公司时，我在指路时一般就跟他们说，就是那个绿色植物最多的建筑。"陈红说。

"德必在旧建筑外围加上玻璃，留下原始建筑的痕迹，甚至特意留出一个地方记录建筑过去的历史，这些设计手法会给旧建筑增加一种格调，你会觉得德必在尊重城市发展历史的基础上加入了自己的思考和呈现。我现在的办公室就在 1924 年北京电车修造厂的原址上，每天看到这些旧建筑的细节，都等于在跟历史对话，这对我们做文创工作的人来说，是非常棒的一件事情。"

时空视点整合营销集团创始人刘方俊说，“德必的细节都做得很好，比如把露天的升降立体停车库用蒙德里安几何抽象画的风格装饰起来，在旧建筑上画上有趣的墙绘，在 wehome 里放咖啡吧和健身器材，在公共空间比较私密的角落里给人留出午睡的躺椅和坐垫，在树下安装桌椅供人休息，这些做法让我觉得德必始终是以人为本来考虑设计和服务细节的，这是我最满意的地方。”

“我在找办公室的时候，最在意的就是（园区的）公共空间和洗手间，到德必的园区来看办公室时，我觉得洗手间够整洁，公共空间分布得很合理，设计理念非常新，而且收拾得非常干净，就决定入驻了。”北京影易时代文化发展有限公司的负责人李欣说。

“我们作为设计师，本能地喜欢放松、自由的创作环境。德必的园区种了很多植物的天台是我们喜欢的，更重要的是，这个园区的选址和对底层商户的选择让它有了更大的场域。楼下的社区、路边的咖啡馆、河边的一些地方，都是一些随处可以放松，进行非正式交流、谈话的空间。我喜欢这种感觉，我们公司租了七八百平方米的办公空间，但实际上整条哈尔滨路都成了我们的办公室。”上海登龙云合建筑设计有限公司（以下简称登龙云合）的创始人荣耀说。

如何更好地服务于创意工作者？如何从激烈的市场竞争中脱颖而出？陈红的设计思路成为催生产品逻辑成形的关键。“我认为创造空间产品的核心，就是要能从客户体验的角度来考虑所有的问题。建筑师和室内设计师都有自己固有的专业思维方式，而我要做的事情是，把他们的思维方式统统打破，从身在园区中的客户这一角度来重新思考问题。”

“从 2006 年开始，德必尝试着创造出的这一系列空间，不管最终它们呈现的是园区、建筑物还是人们所看到的室内办公空间，我们都将它们定义为产品。”陈红说。将空间产品化，意味着陈红和德必文化创意设计院的设计师们要完成两个转变。

- 要扭转思路，不再以建筑师和室内设计师们的常规设计理念为核心去思考问题，不再单纯地追求美或功能性，而是让优秀的设计方案遵循一套德必独有的产品逻辑，让空间变成帮助客户实现其特定目的的工具。
- 一个产品必须拥有明确的底层逻辑，设计师们需要尽可能考虑在园区这一空间内所有可能发生的情况，筛选出最适合的底层结构，梳理出德必空间产品“究竟为什么要这样设计和安排”的结论和原则。

这两个转变最终要能应用在多个园区中，以满足绝大多数客户的需求——总结出一套完整的产品逻辑，这就是摆在陈红和设计师们面前的最重要的工作。

德必文化创意设计院副院长、设计师胡伟国认为，德必早期的这种设计风格的形成更多是无意识的。陈红每到一个现场，本能地感到某个地方让他（使用者）不舒服，就去想改变的方法。这背后隐藏着一套他独有的逻辑和理论，后来才发现这与最新流行的设计理念相吻合。陈红的这些方法论后面被应用得多了，就被慢慢规范下来，形成了一种识别性很强的德必式设计语言。

设计师们采用的方法，是先通过访谈或自身体验找到有关场景，之后设身处地地考虑客户的痛点，梳理出哪些痛点能在现有条件下马上解决，哪些痛点可以做一些很有意思的实验。就拿卫生间这个场景来说，众所周知，女性使用卫生间的时间通常长于男性，这就会造成女士卫生间常常人满为患的状况。因为空间条件有限，扩大女士卫生间面积的想法未必能马上实现，但在卫生间内安装放手机的小台子、提供消毒用品等措施，已经在德必的园区内完全实施了。进一步分析卫生间这个场景，陈红和设计师们尝试把男性和女性使用的洗手台分开，以方便女士们整理妆容。在因地制宜设置母婴室等方面，德必的设计师团队也做了相应的探讨和实践。

设计师们设计出了空间，客户在使用空间时将感受和需求及时反馈给设计师，让他们不断迭代产品，之后，所有园区内的配套设施都会根据设计理念的发展不断更新和优化。“这其实是一个不断和客户交流、共创的过程。”陈红说，“整个空间产品，乃至园区本身是有生命的，它们会慢慢地演变和进化。”

裸露的中庭，好心情的开始

对于空间设计师的用心设计之处，入驻园区的用户们是会有直观感受的。就拿德必与博埃里合作设计的德必外滩 WE 来说，德必改造了 1934 年落成的上海华商证券交易所大楼，古老、封闭的证券交易所大厅被陈红和设计师们自上而下贯通，中庭成为一个阳光、雨水能够直接穿透的天井，大量的绿植让这个古老的建筑焕发出新的活力。“言而简之”的创意总监谭雯能够清晰地感受到陈红当时直接打开中庭的用心。

这个裸露在大自然中的绿色中庭，完全改变了楼内的氛围，谭雯觉得上下班经过它，都是好心情的开始。在下雨的时候，创意工作者们在中庭可以非常真切地接触到雨水，这是任何一个高级写字楼都无法提供的体验。言而简之的设计师们午休时会经常在这里喝咖啡，或者出门溜达，顺便观察一下来往的行人和天气变化。“只要稍微转换一下环境，在重新投入工作时，就能精力充沛。”谭雯说。

空中花园，在办公楼里也能接地气

智能家居企业上海雷盎云智能技术有限公司（以下简称雷盎艺术智能）最终选择了德必虹桥绿谷 WE 的六楼办公空间，其区域销售总监卫东说：“六楼的办公面积比我预计的略小了一点，原本其他楼层还有更大的空间可供选择，但我太喜欢六楼有几个种满灌木和花草的开放式公共平台了。这里有种空中花园的感觉，有时候可以出来活动一下，到外面的树下晒晒太阳，特别接地气。”

雷盎艺术智能在上海恒隆广场也设有办公室，但那里的办公环境过于商务化，并不太适合设计人员和研发人员。智能设计师吴镇宇说：“我做设计的时候，当思考陷入了困局时，心情就变得烦躁，如果出来在花园里转一圈，和同事聊几句，或者就干脆坐在公共区域里看人来人往，直接把脑子放空也行，再回来工作时思绪就打开了，整个人的状态都不一样了。”

“小竹林”改变交流氛围

许征宇几乎从创业一开始就搬入了七宝德必易园。“我们做的是研究型财经新媒体，很多业务思路都需要颠覆原有的媒体、金融分析工具的形态，因此我在内部倡导的工作氛围就是创新，鼓励不同的意见和分歧，尽量尊重每个人的声音。”财经头条有不少决策，都是在被称为“第三会议室”的小竹林里做出的。许征宇说：“我们办公室门口的这片竹林能迅速改变交流氛围并提高沟通效率，在自然环境里，人很快就会放松下来，思路很容易就不一样了。因此，园区的外部空间对我们的价值很大，不光是竹林，那边的集装箱建筑顶部的露台也被我们长期‘霸占’了，公司的很多销售会议都是在这个天台上开的。”

万物有灵共生：人居大自然设计

贾波与陈红有一个共识：人的进化过程是最基本、最宏大的创意。人是从哪里来的？人类祖先先从海里爬上陆地，再从树上来到地面。在这个过程中，人不断变换形态，也与不同形态的生命共生。理查德·佛罗里达（Richard Florida）曾在卡内基梅隆大学执教近 20 年，后来到多伦多大学担任商业与创意教授至今。他在《创意阶层的崛起》(*The Rise of Creative Class*)一书中指出，创意阶层在地点选择方面是非常挑剔的，他们对那些无法反映自身价值和体现自己身份的地方会避而远之。创意阶层正在尝试通过工作这个平台，全方位地推进“创意身份”的塑造。这何尝不是一种进化思维？

“人为什么喜欢草坪、树林？因为人是从猴子进化过来的，这是基因里来自远古的记忆。”贾波说，“我们设计的方向就是要在现代城市里，创造出人回到森林里和回到大海中的感觉，这就是我所谓的灵感来源和最底层的逻辑。”

而在陈红的浪漫主义畅想中，最理想的人居环境莫过于电影《阿凡达》中那棵大树，“再装上一部电梯”。在德必管理层的共识中，构成进化过程这一“创意原型”中的各个要素，对于当下的创新环境同样至关重要，所以德必园区中必须有水、植物、动物，以及良好的基础条件——阳光和空气。

四季花开，野而不杂

植物要素，始终在德必设计、营造的创意园区中扮演着非常重要的角色。而绿植，尤其是地栽植物和土培植物，在以下两种环境中非常考验装置和养护水平：一种是钢筋混凝土构成的高层写字楼，另一种就是空气相对干燥、冬季严寒并且春秋两季多风沙的北方城市。

果然，南方人侍弄花草的技能，在北京遇到了严重挑战。2017 年，德必进入北京，在德必天坛 WE 种植的竹子一茬茬死去。当时该项目的负责人、德必集团北京城市公司执行董事樊沈燕为此还特地找到植物园的专家，上门请教。专家告诉樊沈燕，选种很重要，普通的北方毛竹比较细，观感不如南方的翠竹。但翠竹也分不同品种，樊沈燕最后选择了比较抗寒耐冻的早园竹，再加上绿植供应商的精心养护，德必天坛 WE 枝繁叶茂的翠竹林成了园中一景，为北方萧瑟的冬季景象增添了一抹难得的绿色。

德必在北京选用的绿植供应商有超过 20 年的从业经验，他们纠正了德必在植物种植上不少“南北不适”的做法。比如，在北京的绿化方案中，上海地栽中常见的植物都不太适合北方。到了冬季，北方的露天下沉花园里只能种观赏类的羽衣甘蓝，只有这类植物能抗冻，而且雪下得越大，这类植物的颜色越好看。

抛开这些植物种植上的南北不适，在现在的绿植供应商眼中，德必天坛 WE 与东枫德必 WE 就像是钢筋水泥里的世外桃源，它们的绿化面积比其他的北方园区要多出两三倍。德必的园区对景观呈现效果的要求也高，要求在栽种时植物高低错落，很讲究植物色系的搭配，要有古典园林与英国花园混搭的感觉。

“园区希望的是每个区域在春、夏、秋、冬四个季节都能让人们看到花。”德必的绿植供应商业务经理邵影说，在一个 5 平方米不到的地方，他们规划栽培的植物往往要包含一个小小的四季。“一开春，北京最早开放的是玉兰、迎春花和丁香；接下来，我们会赶紧为园区补种上牵牛花、常春藤和米兰；天气再暖和一点，海棠花开了，紧接着竹子发芽猛长；到了夏天，鸢尾、石榴、绣球花、玉簪花盛放；虽然大部分树的树叶会在秋天掉落，但好在还有石榴果和柿子点缀在枝头；到了冬天，冬青、竹子和羽衣甘蓝便会给园区添上一些色彩。”到了 10 月，室外摆放的盆栽绿植都会被移入室内过冬，楼里一派绿意盎然。到了圣诞节，园艺师们会特意在楼里摆放点圣诞红，再摆上雪松，装饰成圣诞树。

邵影在各个园区都安排了常驻人员。“这么大的植被面积，光浇水就需要两个人，工作量极大。园区没有设计灌溉系统，因为南方一年四季都有雨，这是南北方差异的又一个体现。”每个园区还有一名常驻人员负责巡视，遇到有虫害或衰败的植物会及时处理。入驻这里的徐宁和其他客户觉得东枫德必 WE 的植物永远生机勃勃是吸引他们入驻的一大优点，其实，维护人员总是在夜里及时更换有问题的花草。为此，会员社群中心有专人与绿植供应商对接，建了一个工作群，如果某个区域的绿植生长状况不太好，或者有客户反映不喜欢某个品种等，大家会在群里及时沟通，而邵影和她的同事会在 24 小时内把问题一一解决。

在邵影看来，德必园区在绿化方面的理念是非常超前的，他们对景观的要求不是用绿植摆造型给人看，而是要提供一种可供人触碰的体验，比如，植物不能剪成那种刻意齐整、凹凸有致的造型，而要根据自然生长的形态，尽量营造出一种原生景观。以路边的柳树为例，夏天园区中的柳条疯长，绿植供应商要做例行修剪，但德必会特意要求不能把柳枝剪得太短，要参差不齐，人从柳树下经过时，需要拨开枝叶，这样一来，“分花拂柳”的感觉就出来了。

相比于气候条件严酷的北方，南方的植物养护要省事得多，养护手法也更加简单。比如，在七宝德必易园 A 栋与中庭花园相连的楼顶区域，围绕着中空天井一圈长满了各种绿植。绿植的外围，也就是楼顶的边缘，是一圈办公室。其中的“洛水花原”是一家动画制作公司，公司代表作品有根据同名漫画作品改编的幻想题材动画《狐妖小红娘》。洛水花原的总经理刘菁蓉回忆 2020 年末换办公室找到七宝德必易园的情景：当时野蛮生长一年的顶层植物已是“秋尽江南草未凋”的升级版，一派漫画里都市被植物侵占的“末世”景象，“感觉这种景象和动漫公司的创作调性特别搭”。于是，她毫不犹豫地租下了顶楼的办公室。与周边的邻居们熟悉之后，刘菁蓉发现隔壁的游戏公司租下这层楼做办公室的理由，与她的完全一样。

这也是德必景观设计理念中“野而不杂”的体现。这种别出心裁又浑然天成，并且带点后现代气息的风格，非常符合现代艺术中提倡的“创意上的混乱”。这一景象在七宝德必易园中变成了很有寓意的一个区域，如果只是站在中庭仰望美丽的垂直花园，而不登上顶楼观赏，就领略不到这种以不同方式来诠释的“秩序中的自由”。

神奇动物在这里

据不完全统计，德必在园区中尝试放养的动物有兔子、孔雀、香猪等。贾波讲过一个故事：一位领导来长宁德必易园视察，走在园区时，园中的兔子忽然跑过来扑到他脚边——因为平时园区里不少人会来这里喂它，所以兔子看到人时，就认为有吃的。当时这位六七十岁的老先生蹲下来看着兔子，整整 20 分钟一言不发。“旁边一堆随行人员谁也不敢说话，他忘记我们的存在了。在那个场景中，他特别开心。”贾波说。

不幸的是，后来兔子被黄鼠狼咬死了——这也是自然之道。在城市中放养野生动物并不容易，小香猪后来也不知所终。园区里真正的常驻动物，还得是猫、狗和鱼。另外，孔雀也是实力担当，在园区下了蛋，还孵出小孔雀来，这成为大宁德必易园里的一景。刘菁蓉之前在上海静安区办公，也到过大宁德必易园，早就见识过那里的孔雀，当时就觉得非常神奇。她们公司收养了好几只流浪猫，以前在办公区放养，结果没多久椅子上就沾满了猫毛，固定资产面临加速折旧的风险。搬到七宝德必易园之后，公司重新规划办公区域，她们干脆给猫咪们安排了一间阳光玻璃隔间，方便大家随时“撸猫”。员工在休息时会轮换着带它们到楼顶的花园玩耍，这也是一种不错的减压方式。

贾波要求每个园区都要有鱼。有不少商人对鱼缸摆放很重视，这在传统中是一种与财产有关的风水要素。德必的鱼缸做得不俗。长宁德必易园黑色金属风的停车场顶部有两个悬挂式鱼缸，一个鱼缸是在一群黑鱼中单放入一条红鱼，另一个则反之，这也是对易经中“两仪”概念的一种模拟。德必静安WE 改造前是一个临街的独栋建筑，没有院子，很难营造生态景观。设计师就在入口处的侧面，从下到上造了一个七层的“垂直鱼缸”。“陈红是主创，我在这方面没他那么有天分，但是我平时会经常跟客户聊天，到他们那里去看看，客户给我提了不少意见，所以我也要不断地给陈红提一些建议，提一些挑战。”贾波当时的要求是，“造不了园林，那你造个海吧。”

国外的设计师和学者，在对办公空间设计进行研究时发现，谷歌这样的公司煞费苦心地为陌生员工设计跨专业、跨部门、跨阶层乃至跨一切的“自发性偶遇”（Spontaneous Encounter），他们认为这种偶遇既能激发创造力，又能提高员工之间的凝聚力。但是到最后，大家发现，最能促进交流的是公司允许带宠物上班这一政策——宠物们几乎被认为是超越了谷歌园区设计师的存在。

德必园区的会员社群中心都有自己的镇园宠物，这些宠物平时养在办公室，下班后交给保安，放假了就由某个员工带回家。徐汇德必易园的 Double（大宝）是一只橘白相间的超重边牧，聪明乖巧，备受员工们的宠爱。虹口德必运动 LOFT 的 Dollar 则是一只白色萨摩耶，常驻会员社群中心。

就在 Dollar“家”的旁边，有一个佐罗宠物店，这是一家以策划高端婚礼为主的会展策划公司开办的。虽然这家公司的婚礼业务受到了疫情影响，但他们很快在德必园区发现了新的商机。园区内有将近 200 家公司，很多公司都收养了宠物，街上也总能见到遛狗的人。这家公司又在园区一楼租了 100 平方米，开了一家宠物店，结果在大众点评网上迅速成为虹口区排名第一的网红店。园区内的宠物们自然成了店里的主顾，Dollar 平时就在这里做养护和美容，园区外的很多顾客也慕名而来。店名“佐罗”，是这家公司收养的第一个宠物—— 一只哈士奇的名字。

在秩序中寻找自由

胡伟国认为设计灵感的本质是“在秩序中寻找自由”。离开华东建筑设计院后，他加盟德必负责的第一个项目，是位于苏州老城区的德必姑苏 WE。原址院落与建筑大师贝聿铭设计的苏州博物馆相邻，从楼上还可以看到苏州著名的拙政园。

胡伟国从这个破败的院子里看到了园林的感觉。在他看来，园林之于城市，就是一种典型的“秩序中的自由”，他想把这种感觉贯穿在设计里。在改造施工的过程中，他对院子中间体量最大的一栋楼下手最重。因为从效果图上看，这栋楼在整个改建格局中显得最为壅塞。既然大的格局不能变动，胡伟国的疏通方法就是把外墙全部拆掉，换成透明的外立面。这样一来，二维的压抑感在三维世界中荡然无存。只是据说当时的施工现场就像“战场”，工人们挖了一道又一道的壕沟。

建成后的德必姑苏 WE 是新中式与现代主义元素的结合，还打造了很多表达最新设计主张的社交空间。在苏州老城区大的建筑环境背景下，一片“苏州白”的海洋里，这个园林式产业园区是在秩序与自由之间寻找平衡的现代尝试，胡伟国也把它当作个人致敬苏州博物馆的作品。

○ 七宝德必易园

注：本书所有图片均为德必集团提供。园区实景摄影师：陈宇宁、郑亮。

○ 大宁德必易园

德必园区的设计师们重视利用植物——特别是竹子，营造“曲径通幽”的意境。他们相信这种天然的“焦虑过滤器”，可以帮助园区里的创意工作者们减轻城市通勤的疲惫感。

○ 虹口德必运动LOFT

○ 七宝德必易园

德必接手改造的园区前身多为工业厂房，翻新后既保留了原有的“城市记忆”，也根据德必不同产品线的规划，在设计风格上融入了时尚感和运动主题。

○ 德必外滩WE

办公空间如果具有独特的历史底蕴，往往会引发访客的兴趣，促进商务交流。德必外滩WE的前身是上海华商证券交易所。如今的中庭采用了镂空玻璃地板，可以看到古老的地下金库大门。

○ 德必外滩WE

○ 德必静安WE

德必投资了以“垂直森林”设计著称的欧洲设计师博埃里的事务所SBA。在德必园区里随处可见裸露的钢筋水泥横梁上，垂下茂盛的花草枝条。这类设计既有美学和经济的考虑，也有心理学的因素。空间设计师们希望在工业建筑框架中注入绿色，振奋精神。

○ 七宝德必易园

○ 七宝德必易园

○ 德必虹桥绿谷WE

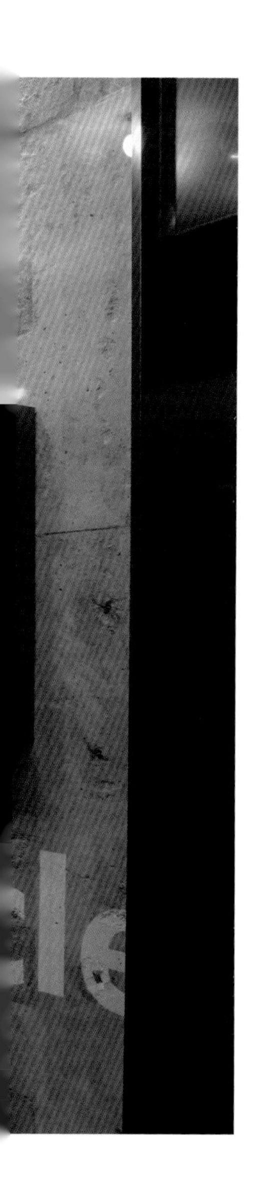

○ 德必上海书城WE

一些传统的大型写字楼建筑，在室内空间设计上往往有诸多限制，长期在格子间办公的白领也容易疲倦。德必的设计师会灵活运用“五大模块”作为调节创意工作者情绪的工具，并在写字楼空间的各个角落与细节中注入巧思，体现地标建筑的特色。

○ 德必川报易园

○ 德必川报易园

优秀的产业园区可能成为所在城市的一张创意名片，因而在空间设计上，也需要考虑城市风貌和标志符号。德必川报易园有丰富的细节设计，表达出成都闲适、自在的市民气质和浓郁的生活元素。

○ 虹口德必运动LOFT

如何为工业厂房建筑注入一些文艺气息？德必的做法是：保留“纪念元素”，创造“反差效果”。虹口德必运动LOFT园区里有一处旧仓库，改造时掀掉了屋顶，保留大梁和部分墙体。设计师们在断垣残壁之间随形就势，种花养鱼，创造了一个“屋园”。

○ 虹口德必运动LOFT

○ CABO咖啡（德必天坛WE）

咖啡馆作为现代办公园区不可或缺的配套设施，是创意工作者们进行社交和工作讨论的重要地点，也是激发创意能量的空间。上海的MO+咖啡和北京的CABO咖啡，都成为各自所在园区的标杆店铺。

○ MO$^+$咖啡（虹口德必运动LOFT）

○ MO$^+$咖啡（虹口德必运动LOFT）

○ 东溪德必易园

○ 东溪德必易园

○ 上服德必徐家汇WE

鱼在中国传统文化中象征财富和好运，因而深受商务人士喜爱。德必的很多园区都养了鱼，并且常用悬挂或嵌入墙体的鱼缸，令自然与空间鱼水交融。

○ 德必静安WE

城市核心商务区寸土寸金，在德必的园区里，楼顶天台也是重要的创意区域。植物、水流，以及融汇中华传统文化的地形装置设计，为创意工作者在钢筋水泥丛林中开辟出了一方自由呼吸的天地。

○ 嘉加德必易园

○ 虹口德必运动LOFT

从园区到街区，从街区到城市，创意型企业的集聚能够产生外溢的影响力，产业园区也是城市公共空间的有机组成部分。德必有一些园区周边是市民住宅，所以布置了公用运动设施，消弭工作与生活的界限。

○ 德必天坛WE

德必园区的运营理念是鼓励商户“共创”，个性飞扬，形成德必空间产品独特的“邻聚力”。位于德必天坛WE园区里的“北京街”，吸引了很多网红商铺入驻，已经成为北京南城的一处热门打卡地。

○ 德必天坛WE

德必有邻

○ 德必天坛WE

创意人士何以聚集？《论语》给出了古老而朴素的答案：
德不孤，必有邻。

○ 上服德必徐家汇WE

创意型企业存在于城市之中，应该与城市对话，和谐共生。上服德必徐家汇 WE 临街一面的楼体，外墙被打开，设计成了一个个“玻璃盒子”的样式。德必鼓励入驻的企业客户按照自身喜好和业务特色去布置，使得创意公司生态向上海的市民公共空间开放。夜晚灯火璀璨，欣欣向荣。

03

打造理想创意空间的方法

关注让客户
困扰不已且无法
得到满足的部分，
能带来最佳的创新机遇。

虽然德必作为园区运营服务商，并没有巨头公司那种强烈的掌控动机，但也不能排除入驻园区的各种行业和类型的公司，其内部可能推崇掌控型办公。如果出现这样的情况，德必应当秉持何种立场？这就要说回作为关键方法论的场景定义设计，也就是让贾波和陈红着迷的核心理念“空间生产力”。按照他们的逻辑，德必其实是“挑人”的，但不是人为地主观选拔，而是根据办公空间挑人。不是挑员工，是挑作为承租人的公司老板，即公司核心理念的主要确立者。

在虹口德必运动 LOFT 开始销售的时候，陈红注意到，“喜欢的人喜欢得不得了，不喜欢的人看一眼扭头就走”，最后调性一致的人聚在了一起。这个调性，就是德必空间设计中蕴含的企业价值观。不光空间产品可以潜移默化地传达自身包含的理念，空间的增值服务体系，包括像德必倡导的名为“WE ART 100”的这种集结了 100 位艺术家、持续关注办公空间未来的艺术活动，也会传递最新的创意企业核心理念。正如贾波在德必 WE 品牌六周年庆“漫长的白日梦”艺术展上所说，“办公空间是现代都市人的创造物，在空间的形成过程中，体现了人们的价值观和社会意识形态。办公空间既是真实、具体的存在，又是人类的一种美好幻想”。

与IT巨头们的“24小时设计”不同，陈红做“场景定义”所遵循的时间轴是“8+3”小时，其中的3小时还包括了上下班前后的途中场景。考虑到创意工作者工作时间的机动性和他们提出的加班需求，德必园区也进行了相关的服务配置及调整，但不在空间设计的主时间轴之内。虽然从规模与影响力方面，德必的园区目前与谷歌的园区没有可比性，但就空间产品的设计逻辑差异而言，还是可以加以比较的。二者的根本区别就在于，德必不做园区用户的老板，其产品逻辑更是从“一位创意工作者的工作日”的超级用户视角出发，因此德必的设计出发点与企业对员工的掌控完全无关。德必推崇的场景定义设计理念，与IT巨头们掌控型办公的空间设计理念，虽然有很多形式上的相似，但背后的核心理念并不相同，在这一底层逻辑上搭建起来的服务体系及目标也必然有别。可以说，德必经过多年实验归纳出的场景定义设计为现代创意办公空间的打造，提供了一套成熟且有效的模板。

五大场景：为用户解决痛点

“我是做编导出身的，在开始做创意产业园之前，我为广告片做过大量的舞美设计，也设置过各种情节和内容。”陈红说，“2006年我们自己开始设计园区时，就像拍电影或电视剧一样，一个人进园区之前和在园区里需要什么，想干什么，想要解决什么问题，怎样才能待得舒服，这些现成的场景都在我的脑子里。”

在这个基础上，陈红将时间轴和为用户解决痛点作为坐标系，构建德必空间产品逻辑。时间轴是指陈红和设计师们将按何种逻辑去划分不同的场景，他认为应该选定一个普通客户和园区发生关系的这段时间作为场景设定的主轴。而痛点就是在这些场景中高频出现的刚性需求，陈红将其抽离出来作为他和设计师们要重点解决的问题。“其中既有早午餐、高效开会、午休、购买临时所需物品等所有办公室人员共同的需求，又有转换心情、抽烟、运动健身、自主学习或与同事们进行交流、激发创意思维等需求，后面的这一类需求对一般事务性工作者来说无关痛痒，对创意工作者们来说却至关重要。”陈红说。

克里斯坦森也认为，如果一个产品经理能完全沉浸在客户所烦恼的情境中，就会和同一赛道竞争的同行们看到完全不同的东西。关注让客户困扰不已且无法得到满足的部分，能带来最佳的创新机遇。

陈红和德必设计师们通过走访客户和亲身体验，列出了 30 个左右在园区工作的人们会遇到的痛点，他们会就每一个痛点进行长时间的研究、讨论、实践和复盘，然后再落实到园区的具体空间里，找到帮助客户解决这些问题的办法或原则。

在这个基础上，陈红将园区空间设计的基础模块划分为五大场景：焦虑过滤器、高效办公区、快乐补给站、创意激发地、情绪减压阀。如果跟随陈红的脚步，在一个典型的德必园区中转上一圈，就能很轻松地理解他在实际空间中对这五大场景的运用理念。

焦虑过滤器：刷掉负面情绪

和绝大部分产品经理把注意力都放在园区内相反，陈红坚持从客户尚未进入园区就开始构想第一个场景。

“对场景的设想绝对不应该从进入园区算起，应该提前到头天晚上客户辗转难眠的时候，提前到他们从早上7点半出门，一路千辛万苦最终来到园区门口的时候。”陈红深谙人们日复一日上班时会产生的倦怠感与焦虑感，“一个人一大早从拥挤的交通工具上下来，头顶大太阳往办公室走，眼前净是一片灰蒙蒙的钢筋水泥森林，能不抑郁吗？如果你看到前面的楼有点设计感，而且楼里冒出那么多绿色，阳台上或楼顶上忽然出现一棵树，起码会眼前一亮，觉得‘哇，这栋楼好有趣’。”

德必易园系列园区用大量绿植搭配黑白两色的建筑，德必WE系列园区则在外立面上进行了精心的绿化规划，这些做法都能在每天开始的第一个场景里，就给厌倦了千篇一律的写字楼的客户们留下深刻的印象。

美国盖洛普公司的一项调查显示，70%的人在星期一的时候极度厌烦自己的工作，而且从周日晚上就开始的抑郁和焦虑会导致周一的工作效率低下。“创意工作者加班的时间很长，大多数时候还要带着问题回家，晚上睡不好觉，一早起来还要赶地铁或公交，肯定既沮丧又焦躁，他们中的很多人每天都会有‘星期一综合征’，这种情绪就是痛点。”陈红说，“所以我要在进入园区的场景里放置一个为人们缓解压力的东西，让大家的情绪舒缓下来，不那么痛苦地转换到工作氛围里去。”

这就产生了客户进入园区的过程中看到的第一个场景——焦虑过滤器。陈红认为焦虑过滤器是空间设计中最重要的东西，在整个空间中相当于起到一篇文章中“文眼”的点睛作用，既是客户对于德必空间产品的记忆点所在，又具备情感和功能合一的作用。它的表现形式可以是多种多样的，不管是进入楼群之前的一个或几个景观，还是单体楼入口处的大堂空间设计等，焦虑过滤器一直都是德必文化创意设计院的设计师们重点发挥设计能力和想象的地方。

《人与自然》(*People and Nature*) 杂志刊登的一项研究显示，逛公园对人改善心情的益处极大。研究人员发现，在逛过绿树成荫的公园之后，人们的负面情绪减少了，逛公园带来的幸福、快乐甚至与庆祝圣诞节相当，这种对心情的改善至少能够维持 4 小时。而且，绿植覆盖率越高的地方，对人们情绪改善的效果就越好。人们居住地和工作地的绿植覆盖率甚至直接与他们的生活满意度、幸福感相关。

在焦虑过滤器的设计过程中，陈红利用了绿植和景观对人心情的改善作用。举例来说，大宁德必易园设置在园区入口处的竹林，就是典型的焦虑过滤器。在竹林中的小道上，设计师用原木装饰条和肆意生长的绿色植物巧妙搭配，使小道呈现出一派天然野趣。来访者走出竹林，迎面还会遇到一处宽阔的亲水花园，园区后来还在竹林中放养了孔雀，让它们在林中自由漫步。来大宁德必易园的人，心情会随着一路景观的变化、与孔雀偶遇等事件而不断变好，洗涤掉上班时辗转奔波的疲劳，精神焕发地投入工作中去。

微型花园，保持植物生长的无序感

对陈红来说，在焦虑过滤器的设计中，最重要的原则是人在其中的行动路线不能全然以便利性为主。就拿大宁德必易园的竹林来说，跨越竹林最简单的路径是直线，但唯有将路线设计得蜿蜒曲折，让人触碰到竹枝，让绿植散发出的芬芳气味刺激人的嗅觉，让人们听到蝉鸣鸟语，才会带给人们超越单纯功能性的感动和生活的真实感——这正是忙碌的都市人缺乏的感受，也是绝大多数一心在园区里追求便利性的设计师们会忽略的点。

陈红用长沙德必岳麓 WE 的焦虑过滤器来深入解释他的设计原则："那是一栋产业园区里的单体楼，一出门就是人行道，换了别的设计师可能就放弃了，但我们在那个入口处花了很多心思进行设计。"负责这个项目的德必文化创意设计院设计技术副总监陈万里特意将这个普通的单体楼的入口处打开："德必在设计上一直非常看重中庭和通透的概念，这个楼紧挨路边，缺乏通透感，所以我直接把楼的一角打开，相当于做了一个开放的 LOFT 空间，让它能与外部环境连通起来。"

陈红和设计师们就在这栋楼和人行道连接的狭窄空间中种了很多植物。"虽然从马路到大楼只有短短六七米的路程，但我们费尽心思打造了一个微型花园。我做了一片耙有细沙纹的庭院景观，种了黑松、红枫、桂花等应季的树木和花卉，还让整个动线变得蜿蜒而曲折。"陈红特意叮嘱绿植供应商，让他们不要把植物修剪得太过整齐，路不用留太宽，要和市政绿化的做法完全不同，让这进入大楼的短短六七米路程，给人们带来忽然闯入树林的野趣。“我们做绿化的原则就是尽量还原自然，让灌木的枝梢会一直碰到人。”陈红追求的是植物蓬勃生长的无序感，是人和景观之间“影来池里，花落衫中”的直接接触——只有这样，人的心灵才能和大自然发生片刻的连接，唤醒他们对生命的关爱和对周遭环境的敏感。

创意书谷，让大堂极富趣味

多数时候，焦虑过滤器可以是进门处的一个微型园林（包含楼群间一些用来连缀的景观）；有时候，焦虑过滤器也可以是进门处一个庞大的鱼缸和经过精心设计的咖啡厅或共享空间。随着德必 WE 系列园区越来越多地选址在单体写字楼中，很多焦虑过滤器也变成了大堂室内设计的亮点。“以前，一进办公楼，门口就只有一个前台和保安，非常枯燥乏味，人走进去，第一个反应就是烦躁和焦虑，”陈红说，“我们就要想办法解决掉这一痛点。”就拿德必虹桥绿谷 WE 这座单体楼中设置的焦虑过滤器来说，它是一个经过精心设计的 10 米高的创意书谷，这使得整个大堂极富趣味性，成为虹桥商务区中独有的一个标志性设计。但这个螺旋形的创意书谷并非纯装饰用，设计师在它周围设置了咖啡吧和充满创意的休闲区域，同时放满了绿植，让这个场所变成了企业举办小型活动的好选择。周边很多并非德必虹桥绿谷 WE 的客户也会时不时前来打卡，来这里喝杯咖啡或约见朋友，他们中不少人评价说：“一进到这里，感觉就像在网红书店里一样。”闻到咖啡的香气，被植物环抱，享受窗外射入的阳光，很自然就能让人产生闲坐放松的心情。

无论焦虑过滤器最终表现为什么形式，设计师们的目的是用它们装点大堂、大楼或园区入口，吸引人们的注意，让他们充分调动五感，与植物、有趣的景观和咖啡馆等社交场景进行密切接触，在工作前先开始一段放松和休闲的“旅程”。

“对于焦虑过滤器的重视和在上面花费的精力，很多人一开始是无法理解的。但我相信，真正的使用者肯定会特别欣赏这一切，它对改善人们每天的心情非常有效，也是人们对德必的空间产品最重要的记忆点所在。”陈红说。

高效办公区：消减工作压力

在焦虑过滤器之后，陈红设想的下一个场景，按照时间轴算，便是上午九十点钟，人们进入办公室并开始一天工作的时候。他将这一场景称为“高效办公区”，德必将要在这个场景里集中解决人们在办公时遇到的问题。

客户和德必园区发生关系，最重要的场景之一，就是选择什么样的办公室。在德必关于空间所做的调查问卷中，各个行业的客户在被问及理想的办公环境时，他们首先关心的是办公室的个人工位在“舒适”“采光”“私密性”“绿植”等指标上能否达标。“我们在帮助客户做办公室的定制改造和设计时，除去常规的空间设计方案，也会给他们提供和推荐如树吧台、茶水间、‘森林空间’这类设计模块。”陈红说，这些建议中包含着他和德必设计师们的经验积累，对缓解办公室压力和激发员工创造力非常有效。

“比如说，我以前是在园区和公共区域里给整个场地做景观和绿植，现在我也开始为办公空间大一点的用户提供如何做绿化的建议了。”陈红说。随着生活和工作节奏的加快，人们在室内工作的时长经常超过 8 小时，室内的空气污染和沉重的工作压力会引发病态建筑综合征（Sick Building Syndrome，SBS）。在办公室里加入大量绿植，不仅有利于环境质量的改善，也能帮助人们放松心情并消减压力。有研究表明，绿色在人类的视野中占据 25%，就能在一定程度上消除眼睛的生理疲劳。

陈红在不断拜访客户的过程中，会遇到不少在室内绿化和对办公区设计做得极为出色的客户，他们的很多做法也会给他启发。比如说，在德必法华 525 园区开始自己创业之旅的上海澜道环境设计咨询有限公司（以下简称澜道设计）——这个景观设计公司现在租用了将近 2 000 平方米的办公室，它的办公空间做得非常有特点，正准备申报室内设计奖。澜道设计的创始人、总经理屠卓荃向陈红展示了自己在二楼办公室中放置的 16 棵盆栽大树，这些树使得办公室看起来生机盎然，而且取代了一部分办公家具的功能，成了天然的屏障，既给身在其中的设计师们带来了私密感，也能帮助他们缓解一部分工作压力。

屠卓荃特别喜欢在办公空间中引入自然元素，他的做法也印证了陈红对办公环境的看法：“减压是客户很强的需求，我们可以给他们设计出一个森林式的办公空间，让员工在里面感觉更舒服。”

早期，创意产业园只需要出租建筑内的空间，办公室内部的装修由客户自己负责。但随着科创企业入驻园区比例的上升和整个市场环境的变化，尤其在疫情之后，很多城市都曾经遭遇突发状况而暂停了办公室内部的装修，越来越多的企业转向租用可以直接“拎包入住”的空间。面对这一市场需求，德必有一个很大的优势，就是有自己的文化创意设计院和施工合作单位，能够帮助企业客户对空间做定制的改造设计，并最终交付成品。

“德必现在有很多的园区精装产品的比例已经升到了50%左右，这一比例还在继续提高。”陈红说，“而同样是在园区中工作，‘60后’‘70后’‘80后’‘90后’，对空间的想法各不相同，要想尽量满足这些客户的需求与体验，德必的产品和服务就必须持续迭代和更新。”

早在2015年，德必就在自己的园区空间中引入了共享的概念，通过不断实践和摸索，其中的一些元素逐渐固定下来，成为德必空间设计中的重要模块，例如中间有一棵树的回形吧台（树吧台）、卡座、水吧台、电话间、共享会议室等。到了2018年，这些色彩明亮和设计新颖的共享办公元素的广泛使用，将德必直接带到“类共享空间”时期——在这之前，创意产业园这一业态原本只是需要出租建筑内的空间，并不需要太关注建筑内企业或员工的工作、交流和聚集情况。

德必的空间产品中共享元素的不断升级给客户带来了非常直接的好处——它使得一些中小型企业减少了租赁面积。“这样一来，企业就可以把一些办公空间，比如会议室等放到公共区域里来。"陈红说，德必的这种做法，首先就能为企业直接省掉一笔费用。举例来说，上服德必徐家汇 WE 的一个设计公司原本要租 400 平方米左右的办公空间，由于上服德必徐家汇 WE 是当时德必文化创意设计院设置的共享空间试点，因此其中的会议室、休闲娱乐设施等共享元素极为丰富，这个客户和设计院的设计师们一起商量，适当缩减了茶水间和会议室等过去传统办公室必须囊括的元素。陈红说："虽然在这一地段还有别的办公空间备选且上服德必徐家汇 WE 的价格并不低，但综合计算了性价比之后，这家公司还是选择在这里租下了 200 多平方米的办公空间。"

"如今，创意产业园这一市场的大趋势是，大家都想拎包入住精装房，不愿意花太多精力在设计和装修上，但创意工作者又都对办公环境有一定的要求。"陈红说。在办公室的设计上，这类用户往往既需要标准化的服务，又希望能够加入一些个性化的格调——拥有强个性化的空间，有助于体现个人独特性，也会给企业带来特殊的凝聚力。在这一点上，德必的最大优势是有自己的文化创意设计院，设计师们经验非常丰富，能够充分理解用户的需求，能给他们做出初步的空间设计与后续装修的方案，尽量帮助客户迅速实现他们对理想办公场所的规划。陈红说："这是德必的独门利器，没有设计院的公司是做不到这一点的。"

留出空间打造企业会客厅

德必还在很多园区特意留出空间做了企业会客厅这样的 VIP 接

待室。例如，德必虹桥绿谷 WE 在 6 层阳光充足、靠近花园平台的最佳位置，开辟出一间设计感很强、色彩宜人的 VIP 接待室。“我们和德必文化创意设计院商量着做这件事的初衷是，有些客户租的办公面积比较小，比如只有 100 多平方米，如果有一些重要客户来访，就可以约到接待室见面。”德必虹桥绿谷 WE 园区总经理说，这一空间的用途随后被使用者们自发地变得更丰富了，很多公司喜欢这里的格调，会选择在这间企业会客厅做直播以及公司的高层视频采访。因为大家都喜欢这里的阳光、气氛，又有电子显示屏这样的设备。有的公司还会在周五请瑜伽老师来，带着员工在里面做瑜伽，楼里的“邻居”都可以报名参加，很多来自不同企业的员工也因为这些活动而相互熟悉起来。

对此，陈红总结说：“这些都是德必的空间产品为企业和员工创造出的真实的价值，它们首先必须是高性价比的。”

快乐补给站：午休放松换脑

跟随陈红的脚步，沿着时间轴向前推进，在上午进行了几个小时的高效办公之后，时针指向了中午。

只要在有条件的园区，德必都会配备餐厅，这些餐厅根据创意工作者的作息时间，一般都会提供质量很好的午餐和晚餐，有些比较偏远、周边餐饮业不发达的园区餐厅甚至会提供早餐。“我们做过调研，午餐及后面的休息场景，是很多人在一天里难得的放松和开心的时光。”陈红说，“但我认为这个场景不应该仅仅被命名为‘快乐午餐’，而是应该叫作‘快乐补给站’。因为绝大多数人都会把这个时段当成一天中最重要的休息、放松的时段，他们的刚性需求是离开办公室，转换一下环境。所以很多人会选择和朋友一起吃饭、交流，或者跑到街上去逛一逛才回来，也有的人需要午休。我们在园区里肯定要提供相应的空间来帮助大家实现这些愿望。”

“在办公室待了一上午，谁都想换个环境，离开办公桌，哪怕是就在吧台或卡座上坐一会儿，一边聊天一边吃饭。”陈红说。在德必园区中，中午带饭的员工可以使用共享区域里的微波炉加热，就近用餐，很多叫外卖的人也会离开办公室来共享区域吃饭。大家都喜欢德必独有的树吧台，科学研究表明，一个人每天至少花 20 分钟散步，或坐在一个与大自然接触的地方，会大大降低人体内的压力荷尔蒙水平。而德必在内部共享区域内设置的树吧台、水吧台、卡座以及户外的自然景观，都能很好地满足客户暂时从工作场景中抽离，享受一下午休的需求。

在陈红的时间轴上，午休这一刚性需求，目前是快乐补给站里最难满足的，他和设计师们还在这个痛点上不断尝试。研究表明，有规律地小睡，能避免神经过载导致的工作状态不好的情况。每天午休 30 分钟，可使体内激素分泌更趋平衡，使冠心病发病率减少 30%。“我们在有条件的园区一般都会提供睡眠舱，但数量非常有限。”胡伟国说。设计师们尝试在德必园区的公共区域中比较偏僻的角落里提供躺椅、懒人沙发、吊床。“午休需要私密性，人们似乎很难在陌生人环绕的环境里放松地睡午觉，不少人宁可牺牲舒适感选择趴在自己的工位上小睡片刻。还有一个办法就是去外面晒晒太阳、散散步，或者去咖啡馆里买杯咖啡。这样一来，人们就又回到了园区的焦虑过滤器中，因为那里会有大量的绿植或咖啡馆。我们在焦虑过滤器里放置了不少舒服的座椅，希望可以帮助大家缓解午后的疲劳。”

德必的很多园区都坐落在周边商业配套良好的区域，人们可以选择在附近的街道下馆子、逛小店，顺便再买杯咖啡或奶茶，那是陈红心目中天然的“快乐补给站”。但如果遇到异常天气，或周边配套并不完善，德必就要在楼内空间里为人们提供满足“快乐补给”需求的设施或场景。“我们现在正在做的很多新项目都是单体楼，很适合尝试在楼内做快乐补给站。”陈红说，“我们会在楼里找个中间层，挑选几百平方米，放入绿植、咖啡机、自动售卖机，设置共享区域、吸烟区和一些共享会议室。因为这一层楼有可能变成这栋楼里最有人气、气氛最轻松的地方，德必甚至也尝试着引入一些合作的商业项目。”

陈红有一个很独特的做法是，在午餐和下午茶时间段，把德必的共享会议室作为餐厅——他注意到了人们喜欢在会议室里边吃边聊的场景。“所以当我们做共享会议室时，特意尝试着把水吧台、厨台、微波炉、电磁炉这样的设备放在比较大的会议室里，让大家吃饭更方便一些。有时候在这种能容纳50人以上的会议室里，团队开会或搞活动，年轻人也会很喜欢自己动手做点吃的。这就相当于让原本属于办公的场景变得不那么单调了。”陈红说。

这样一来，从表面上看，高效办公区和快乐补给站的部分功能重合了。事实上，因为空间永远不可能是完全充裕的，德必园区中的各类设施与场景往往集成了几重功能。比如，有些采光良好、经营意识极强的园区餐厅、咖啡馆也承担着“会议室”(即下文要讲的创意激发地)的功能。“你会发现，在我们的很多项目里，快乐补给站、创意激发地是整合在一起的。”陈红说，“我们为用户提供这些空间和设施，是为了让他们能在这里找到解决所有痛点的工具。但最终怎样使用它们以激发创造力，是由用户自己一点点摸索和开发出来的。”

创意激发地：沟通打开思路

2015 年，在和意大利设计师博埃里合作设计德必外滩 WE 时，陈红和设计师们试着在其中一层楼的走廊中摆放了一个长长的不锈钢台面的木质吧台，并且配备了洗手池。“这个吧台出人意料地大受人们欢迎。因为这条走廊周围的空间里有好几家外企，外国职员们特别喜欢这个设计，觉得既实用又符合创意企业的文化氛围。这个吧台让人与人的交流变得频繁了，中午、晚上大家都会聚在这儿吃饭、喝下午茶或聊天。”陈红说。

这一案例，其实早于后来由众创空间 WeWork 引入国内的共享吧台风格，这对陈红和设计师们的启发很大。德必后来开发出了一系列共享办公元素，例如树吧台、卡座、水吧台等，这些被陈红形容成“有绿色也有聚集”的地方，不但极大地丰富了建筑的内部场景，而且也成为创意激发地，因为它们满足了创意工作者们的刚性需求。其原理就是希斯赞特米哈伊所说的，创意工作者们必须找到属于自己的工作与休息、思考与行动、独处和与其他人共处的最佳安排。

在陈红看来，身在公司，很多有效交流是发生在下午这个时段。“创意工作者们到底什么时候创造力满满，其实跟个人的工作习惯有很大的关系。”陈红说，“上午人们到了办公室，往往需要先处理很多琐碎的行政事务，或是开一些公司规定的会议。到了下午，人们才有整段的属于自己的时间。在这个时段里，需要进行交流的同事都在公司的概率很大，这正是交换意见、激发灵感和出成果的好时机。”

在陈红的时间轴上，下午的时光被列入创意激发地这一场景。他的想法得到了心理学家们的支持。研究发现，对于经常早起的人来说，灵感时间通常出现在下午 4 点到 5 点半之间，在这段时间里，人们更能有效过滤掉分心的因素，更善于分析。而在其他时段，人们会因为疲倦或琐事的干扰，做事不主动，甚至会出现心不在焉、走神的情况。

和同事们有更多的互动机会、拥有更多由转换环境所带来的刺激感，是激发创造力的过程中公认的重要因素。因此，在吧台、会议室和同事交流，在焦虑过滤器中的景观和快乐补给站里的咖啡馆中发呆放空，甚至在健身房里锻炼，做些和工作毫不相干的娱乐活动，都有可能是创意工作者们打开思路的方法。

同样的配置，例如吧台放在时间轴上的不同场景里，可以发挥完全不同的功能。举例来说，艺术策展人徐宁和同事们尤其喜欢利用自己办公室外的树吧台和卡座，这里放置了大量绿植，树影婆娑。中午，大家在卡座里吃饭和闲聊，到了工作时间，徐宁喜欢在树吧台召集同事开碰头会：“树吧台这个设计非常便利，大家一出门就能暂时放下手头的日常工作，立刻就一个问题展开讨论。而且吧凳的高度不适合久坐，在这里开会能够有效控制时长，往往比坐进会议室效率更高。”

徐宁已经学会充分利用德必空间的丰富性，来激发自己和同事们的灵感。“园区里的下沉花园也变成了我们的会议室，在那里边散步边讨论问题，气氛会变得更轻松、跳脱一些。”

希斯赞特米哈伊认为，多数人不能对宏观环境做出改变，但可以对个人的环境加以控制和转化，让它有助于提高个人创造力与工作效率。“并不存在完美的模式。”希斯赞特米哈伊说，能够找到反映自身特点和节奏，让人忘记外部世界，聚精会神从事手头工作的环境，就是激发创意的最佳环境。而德必的设计师们所做的一切，就是在有限的园区空间里，尽可能为创意工作者们创造出各种微环境和有关的工具，供他们选择和使用。

情绪减压阀：活动宣泄情感

随着时间轴的推移，在下午乃至加班的场景里，德必在室外和室内都提供了如篮球场、乒乓球台、撞球台等娱乐设施，让长时间工作的员工在活动筋骨的同时换换脑子，咖啡和下午茶往往也会出现在这一时段。

陈红将这些场景归纳为情绪减压阀。陈红经常能在下午 4 点左右，看到大众点评网的员工们在长宁德必易园的天台上放松和玩闹。“大众点评网就是在长宁德必易园里成长起来的，这些在创业型互联网公司中工作的年轻人的状态，给了我很大的启发。”陈红说，“他们会组织拔河、做游戏、搞比赛，弄得整个天台都生机勃勃，有时还有一个部门的人在天台摆出下午茶，一边吃一边开会。”初创时期的大众点评网员工往往需要加班，定期搞这种宣泄情感的玩闹活动，是让他们在压力下还能保持活力和提高工作效率的好办法。

“我觉得这就是情绪减压阀的作用所在。”陈红说。德必的不少园区是对老旧建筑进行翻新改建而成的，天然配备有篮球场等拥有一定面积的运动场所。园区在招商和后期运营时，考虑到创意工作者们的需求，也会引入健身房。2016 年，陈红在园区中设置了一个特殊的公共空间——wehome。在德必的易园系列产品中，早期改造的老旧建筑多是散落的楼群，设在其中一栋楼内的 wehome 相当于一个微型的社区中心，汇集了这个区域内比较重要的共享办公设施，如共享会议室、咖啡馆、休闲娱乐设施、健身器材等，还有一些类似 WeWork 那样可以直接拎包入住的精装工位。从功能上看，wehome 既是社区中汇聚人气的地方，又可以说是情绪解压阀和快乐补给站重叠的地点。从中午到晚上，园区中的很多人想要放松或会客，都会到这里来。从情感意义上说，它在整个社区中创造出了一种归属感（就像 wehome 的名字表达的那样）——德必的运营人员和管理人员往往在这里有自己的办公室，会员社群中心就设在这里。在较多地改造单体楼之后，wehome 的一部分作用虽然被分摊在了各层楼内均匀分布的共享办公场景里，但以会员社群中心或咖啡馆为核心，整栋大楼仍旧会有一个能给用户带来家一样安全感，集中了不少共享设施、休闲娱乐设备的地方，“无论谁有什么事儿，都会本能地去那里转转，寻求帮助”。

灵活使用五大场景模块

“这五大场景所围绕的时间轴，并不是线性的，并不是说一个人从进入园区到离开园区，就只能单向向前推进。”陈红说，这只是他针对一个创意工作者在园区中工作一天所面临的主要问题提出的解决方案。人们可以根据自己的实际需要，循环使用这几个场景。

比如说，一个在下午才渐入佳境的创意工作者，往往会在创意激发地和人讨论问题，再回到高效办公区去工作。“等到了下午四五点钟，不少人都开始准备下班了，但他可能因为忽然想到了好点子，想要加会儿班把创意付诸实践。在办公室加班时，如果思路受阻，这个人还会让自己放空头脑，让创新的潜意识动起来——他可以到焦虑过滤器里的竹林或花园小径去溜达一下，或者去情绪解压阀提供的健身器材那儿锻炼半小时，顺带在咖啡馆或便利店里买杯咖啡，然后再回到办公桌前继续工作。”陈红说。这个在五大场景中反复循环或“横跳”的人，是一个典型的能自如使用德必空间产品并将其服务于自己独有创新节奏的创意工作者。

对于员工离开园区的最后一个场景，陈红和设计师们还设想出了一些更细微、更符合创意工作者需求的东西。“例如，如果突然下雨怎么办？我们一般会在门口的位置放一些雨伞，让大家扫码就可以拿走。”陈红说。另外，由于创意企业或初创企业加班的人比较多，为了保障人员安全，很多略偏僻的园区都陆续调高了路灯的亮度，保安也会在楼群中进行 24 小时的巡视。

“一个园区最后呈现出的形态，并不是我和设计师们自说自话的结果，在整个过程中大家要不断地沟通和讨论，最重要的是倾听客户们的反馈。”陈红举例说，德必做共享会议室的时候，发现创意工作者们在开会时太吵了。大家聊着聊着就会很激动，声音总是很大。收到附近客户的反馈之后，设计师们从中总结出一个经验教训，以后尽量不要把共享会议室放到离客户日常办公区域太近的地方。而之前将厨台、水吧台和微波炉放入大会议室的提议，则是一线招商团队在得到客户反馈后传达给设计师们的，在五大场景的框架下，一些更细微的改动，都是从实际需求中生发出来的。

“之前，我们在共享空间里放了一些桌球、撞球，并将它们作为情绪减压阀的一部分，想让大家放松一下，但也是因为太吵，影响了隔壁客户的正常办公和午休。”胡伟国说，“后来设计师就很少在有限的空间里用到这些声响太大的娱乐设施了。”他们还意识到，在见缝插针地布置共享区域时，最好不要将卡座、沙发这类东西放在太敏感的地方，比如说不要放在电梯厅对面，或是正对着办公室门口，因为使用者和客户都希望保留一些隐私感。但吧台反而放在哪里都没有问题，因为吧台并不是一种会被人长时间使用的东西。至于像卫生间、吸烟室这类场景，他们一直都在根据客户体验不断完善。

空间生产力：潜意识创造

希斯赞特米哈伊曾经做过一个实验，他在一天中随机选取时间让人们评价自己的创造力水平。人们通常会告诉他，自己在开车、散步或游泳的时候最有创造力。他对此解释说：“当进行只占据一定量注意力的半自动化活动时，一部分注意力会空闲下来，在不存在有意识的意图的情况下，观点之间会建立起连接。”换言之，对问题投入全部注意力并不是激发创造力的最佳途径——呆坐在办公桌前、持续不断的压力和缺乏变化的单调环境都不利于创造力的提升。

由此，希斯赞特米哈伊把创造力产生的过程分为 3 个阶段。

- 在准备阶段，人们有可能会集中思考和收集与问题有关的各种要素。彼时，有序而熟悉的环境是最友好的，对于绝大多数创意工作者来说，办公室就是最佳地点。
- 在酝酿阶段，换个环境，或者得到新颖而复杂的感官体验——主要是视觉体验，也包括鸟鸣、水声以及空气的味道，会对正在冥思苦想的人更有帮助。
- 在灵感落实阶段，当一些新点子涌现或找到了解决问题的办法时，创意工作者要再次回到熟悉的工作环境里去，坐在办公桌前静下心来将其一步步落实。

在工作和思考的过程中，这 3 个阶段会随着创意工作者个人独有的节奏不断地重复或叠加。陈红设置出德必五大场景背后的产品逻辑，正好与创造力产生的过程相契合。

换言之，德必的空间产品的成功之处在于，在有限的条件下为创意工作者们提供了足够多样化的改变和腾挪的空间，还有来自大自然的有效“刺激”。这是绝大多数办公楼所不具备的：让创意工作者们的注意力暂时从工作中转移，焦躁情绪被迅速修复，留下足够多的心理能量对需要思考的问题进行潜意识上的探索。

用希斯赞特米哈伊有关创造力产生的理论去审视德必室内外空间的设计，不难发现，五大场景中的一些模块是重叠的。其实，那些空间设计和设施究竟能派上什么用场，取决于创意工作者们对自身创新节奏的把握。但它们确实是必要的，因为它们的存在和创意工作者们在空间使用上的“痛点”密切相关，一一对应。在很多情况下，使用者们甚至没有察觉到设计师的巧思，就已经本能地娴熟运用它们并解决了自己的问题。

这其实是好事，会使得客户对德必空间产品的感受变得更为丰富和难以量化，就像很多客户说的那样，他们“待在这里很舒服”，再换到别的地方，面对一套仅仅是形似却没能掌握背后构建逻辑的类似产品，他们会本能地觉得“有什么地方不对劲儿”或“没那么舒服了”。一旦德必在这些空间体验的基础上再加入一整套自己独有的服务，竞争对手就再也无法简单、粗暴地模仿了。

德必的设计师为创意工作者们创造出的空间，不仅可以满足用户长时间办公的基本功能需求，也能恰到好处地激发客户的创造力，并且帮助他们挨过在创意产生过程中经历的种种情感波动和创作困境。德必的绝大多数客户，都能讲出德必的很多内、外部空间对自己的创造力产生积极影响的例子。这些人其实是在用不同的表达说出同一个感受。**激发创造力的空间不是靠在其中放入什么新潮的艺术品，也不需要装修得如何精美，而是其中的设施和功能必须能满足创意工作者在每个时段的切实需求，能够真正为人所用，方便**

人们找到让自己的工作与生活节奏变得和谐的创新规律。

“那些没有真正在德必园区里待很长时间的人，往往不理解我们的设计意图。”陈红说。由于他是超级用户出身，德必五大场景的产品底层逻辑是围绕客户的真实需求建立的，这就使得德必的空间产品能对其中的创意工作者们产生一种潜移默化的独特影响。熟悉了德必空间产品的客户，一旦换到另外一个设计理念迥异或只是简单模仿他人产品的环境中去，就会感到烦躁不安，是因为这样的做法实际上是改变了他们的创意产生微环境，也破坏了他们在德必园区逐渐建立来起的独有的创造性工作流程。

由于陈红在空间设计中一直推崇和坚持人性化，即关注员工个人在环境中的体验、成长与价值的实现，这使得德必打造的创意空间具有以下的特点：丰富多元的空间和配套设施；人与自然、人与人之间发生了更多连接。在德必园区中工作的绝大多数人，都能感受到这一环境和自己的工作状态、创造力之间存在着某种良性的联系。

04

如何运营创意空间

当空间和服务
都能支持人们
更方便地接触、
交流且获取信息时，
这种环境就具备了
最大的创新潜力。

我们把创意空间看作一类特殊的产品：空间的基本功能是容纳人的活动；人类社会的商业活动需要创意作为润滑剂，才能持续顺畅运转；而成功的创意空间产品，又能够通过人性化的设计迭代，激发创意的生成。当这种基于空间的创意活动不断聚合和拓展，设计师们精心打造的创意空间产品就会不断组合，这就是我们通常所说的产业园区。

如果用手机来做比喻，空间改造如同硬件迭代，服务则是操作系统。在德必所处的这个万亿级市场，对于不同公司所运营的园区产品来讲，操作系统智能化的差别相当大，甚至大多数操作系统还处于非智能时代，比如人们平时所熟悉的房东和物业。而德必自创始后就专注园区操作系统升级，这一举措一直在更新迭代着行业中的服务标准，也更新着社会对这一行业的认知。从早期面向中小微企业的“外部行政总部”“外部政府事务部”，到十大增值服务架构；从“孵化器”“加速器”，再到“轻公司生态圈”（SMART CIRCLE），德必在一定意义上引领了整个行业的起步、发展和迭代。

虽然版本不断升级，但是德必的操作系统也有一个不变的追求：为入驻企业提供从出生到鼎盛发展全生命周期、全业务链路的服务解决方案——从这一表述中，我们不难发现这与德必的空间产品设计理念的关联。

事实上，后者正是前者的底层逻辑。从发展过程来看，德必也是先有空间，后有服务；而一个创意企业的全生命周期和全业务链路，显然是一位创意人士的一天和细分场景的等比例放大，两者就像一组同心圆，或者更形象地说，是从同一受力点传导出的两道波纹。这是在邓巴所谓最有利于产生好创意的液态环境之上发生的水波效应。向湖水中投入一颗石子，水面会立刻荡开一道道涟漪。但这种中心激荡力量的传导，越到外层越减弱，最终湖水重归平静。在社会学中，维持一个长效、活跃的水波型场域，首先要保证波心点的持续激荡。

做好用户服务：秉持人性关怀

从 2006 年起，德必创意空间产品设计的重心就落在人和大自然的交互上。德必打开封闭的写字楼，种植大量植物，并且精心设计了让园区用户减压的景观。从那时起，在空间这一物理层面上，德必为园区中工作的创意工作者们提供的是类似物业、商业配套的基础服务，但园区总经理和运营团队从来不会只用物业来框定自己的定位——德必是空间产品与售后服务高度一体化的公司。陈红对场景化和为用户解决痛点的敏感贯穿始终，园区的运营人员会很自然地围绕着“让创意工作者们在园区中获得良好体验”去思考和工作，例如在客户加班时给予格外关心，在日常工作中为他们积极提供维修等服务，在园区内的保洁和安保工作中也投注了大量心力。

因此，当创意空间在产品硬件层面已经打造完成之后，由创意空间组合而成的创意产业园区，就要通过持续优化的运营，来不断增强与入驻园区的企业客户之间的价值黏性，树立园区运营服务商在行业中的口碑，从而做大做强。**产业园区运营的关键，是从人性关怀出发，做好用户服务。**

做客户的贴心邻居

观无界艺术研创商社的创始人虞骏，在七宝德必易园有一个近 100 平方米的办公室。虞骏是室内装修设计师出身，亲自将这里设计成了一个包含多种传统文化元素、混搭着现代简约风格的工作室。平时，虞骏在这里用紫砂壶泡茶招待朋友，也会举办摄影、旅游等各种有趣的主题沙龙和聚会。

“写字楼的严格管理与中小型公司业态的丰富性和多元化是相抵触的，创意企业需要的是完全不同的生存空间，喜欢更接地气的风格和更多的人情味。”虞骏说，“举个例子，德必在绝大多数园区中安装的是分体式空调。写字楼的中央空调运行成本很高，而且定点统一开关。德必这样做（安装分体式空调），可以让客户随心所欲，想开就开，在降低成本的同时还极大地提高了自由度。而且在疫情暴发之后，分体式空调还给我们增加了一些安全感。”虞骏在 2018 年选择搬入七宝德必易园，除了喜欢这里的绿色环境与气氛之外，很大一部分原因是园区可以让他和朋友们 24 小时出入，这与他的业务和生活方式非常契合。

“事实证明，园区的管理和服务并不比高档写字楼差。我的工作室的玻璃门离露天区域很近，照常理说，下雨天是很容易进水的。这几年上海连续经历过几次很糟糕的台风天气，我的工作室却从来没有进过水。”虞骏说。2021

年夏天，有一次下了很大的雨，虞骏临时有事来办公室，才发现园区为预防办公室进水，已经提前拿沙袋帮他把门边的地方挡住了。第二天早上他来上班时，沙袋已经撤走，门外的环境已经迅速恢复了原状。“还有一次我办公室的门没关牢，保安第二天特地跑过来嘱咐我以后要记得关门。”虞骏说，“在这里待久了，园区里有很多邻居也会时不时过来串门、喝茶和聊天，我觉得有一种家一样的感觉。”

德必的园区总经理们在日常工作中遇到的大部分问题，都和空间这一产品的物理属性有关，这些工作看上去和物业类似，但绝不能简单和割裂地去对待，它们是围绕着德必空间产品的特点，以及创意工作者们独有的工作、生活方式构建的一整套客户体验。园区总经理们在日常管理中沉淀了很多服务细节和原则：在下雨漏水时帮助客户圆满解决问题；记住客户的车牌号和名字；在客户和拜访者进入园区时给予亲切、有效的指引，让他们有宾至如归的感觉；雷雨天气或天热时提前给客户发温馨的提示消息，让他们注意天气变化；入户拜访完毕的时候把椅子放回原位；出门轻轻把门带上；客户加班晚归，保安要提醒客户多留意路况安全……归根结底，这些其实都是一些人性化服务的细分场景。

关注用户体验的服务，也包括不断优化空间产品的功能。例如，德必的设计师们一直都在针对用户的反馈，对洗手间做小小的改变和升级，如加入香熏、为很多没有窗户的洗手间调整灯光的亮度等。德必也在根据客户加班的需求，努力协调、灵活调整园区内食堂和咖啡店的营业时间。

做好这些基础服务，会让德必的园区管理者自然而然地与客户走得更近，与他们成为朋友，更加透彻地了解客户的需求。不止一位园区总经理得出过同样的结论，那就是为客户提供真正有价值的增值服务，必须建立在非常深入、透彻地了解客户的基础上。“否则我们说要给别人提供的帮助都是虚的，客户对此也不会产生真正的兴趣。”一位德必园区总经理说。

怎么才能做到这一点？园区的管理者和经营者总结说：“要珍惜客户每一次报修，或者找我们解决琐碎问题的时刻。这样一来，我们才有更多的机会去接触和了解他们，才能在后面的工作中不断为他们提供更有价值的服务。”

全价值链商务服务

德必为在园区中生活和工作的创意工作者们，提供了难以替代的客户体验：独特的环境和空间设计让人们不断提升创造力，周到的日常服务则使他们对空间产品产生了进一步的依赖与信任。这就是“德必现象”产生的原因。

德必的核心客户们还有另一重身份，从某种意义上说，他们就是当下创意经济倡导的“轻公司”本身。德必为 B 端客户所提供的服务，和它为 C 端客户提供的帮助是一样的，前者恰好是一个极富成长性的创意型企业（以文化创意企业和科技创新企业为主）在德必园区里不断发展、壮大所需要的客户体验。德必能为这样的企业用户提供多少对他们的成长有真正价值的帮助，直接决定了创意产业园区这门生意能否可持续和稳健地发展，也直接决定了能否最终实现德必提出的“千园计划”。

与陈红为空间产品划分了时间轴和场景一样，服务企业客户也有独特的时间轴和场景。从企业的发展场景去审视，德必不断完善的十大增值服务包括：联合党建、社群活动、创业导师团、人才服务、品牌推广、智慧空间管理、政策对接、财务顾问、工商注册、资本对接。不难发现，这些增值服务分别对应了企业在发展过程中遇到的不同痛点。

很多初创的中小型公司，在自身所在的领域里对专业和产品有深刻认识，有很强的竞争力，却相对缺乏公司日常运营中所需的法律、财务知识及管理经验。德必园区会聘请律所为中小型创意企业提供基础法律服务，也为它们提供免费知识产权保护法律援助；在财务顾问服务方面，不仅帮助企业提升规范化水平，还提供财务外包、模型制作、定期理账等服务；为园区企业代为招聘，并帮助它们对新员工进行入职培训。这些服务大类又涵盖了各种服务子项，如金融资本与企业融资需求对接会、文化创意企业联合招聘会等一系列论坛、活动等。这些服务，被客户们形容为“帮助我们省掉了不少麻烦事”。

德必还努力成为连接企业和所在街道、区的桥梁，用服务帮助很多小企业处理好缺失的政府关系。地方政府往往会给初创的创意企业提供各种补贴和政策优惠，园区总经理和运营团队会先认真理解和学习相关政策规定，然后尽量将准确的信息传达给园区里符合这些政策的企业，帮助客户逐一申请落实。

为了将相对松散的园区服务，逐渐升级为真正的为园区企业服务的孵化器，德必在自己定位精准的科创园区中进行了尝试。“对于成长中的高科技企业创始人和主要管理者来说，给工作压力大的科技工作者们创造一个减压并且能够激发灵感的环境非常重要。”上海市人工智能技术协会会长章海东说，“但从企业的生存发展角度来看，拓展人脉、寻求政策的扶持和投融资资源，才是企业创始人和主要管理者最重视的。”他所任职的协会就设在德必虹桥绿谷 WE 中，这是德必最开始打造的人工智能科创园区之一。德必通过自己独特的空间产品和认真细致的工作，筛选出了一批高科技及人工智能企业。截至 2021 年 4 月，德必虹桥绿谷 WE 已成功吸引 50 余家企业入驻，其中科创类及其上下游企业超 2/3，产业平均聚集度达 85% 以上。这里不但聚集了深圳华大智造科技股份有限公司、山东鲁阳节能材料股份有限公司等 10 余家上市公司，还入驻了上海非夕机器人科技有限公司（以下简称非夕科技）、杭州毫厘科技有限公司（以下简称毫厘科技）这样生机勃勃、充满独创性的创业企业。非夕科技致力于以仿人化技术路径做智能机器人，在这一领域中已经是“独角兽”的潜在候选企业；毫厘科技专注于用芯片和微机电技术研发在线水质监测系统，也已经拥有了自己的核心技术。

“在这个园区里，德必基本形成了真正的上下游的产业集聚（Industry Cluster）。”章海东认为，在某个特定地理区域内，同一产业链的企业关联度不断提高，产业资本要素就会在空间范围内不断汇聚。只有这样，德必和园区中的客户，以及人工智能上下游企业才能真正形成有价值的互补和相互赋能。“大家通过信息交流、人才招聘、投融资，甚至采购和市场活动等行为融合在一起，就能形成一个闭环，或者说形成一个完整的生态系统。”章海东说。

在早期为文创企业提供融资及资金层面的帮助和服务时，德必就有过对初创期的小微企业，通过免房租、天使投资等方式进行资金扶持的惯例；对于发展到一定阶段的企业，德必也会提供财务顾问、对接风投等服务。在产业集聚度较高的科创园区中，由于提供的服务的特点，德必就更像孵化器了。就拿德必虹桥绿谷 WE 来说，德必在这里帮助企业联系优质基金投资人；联合新虹街道社区开展知识产权主题讲座，让企业不断加强知识产权保护意识，及时规避风险；对接虹桥商务区，为归国高新技术人才提供企业注册、人才落户政策等切实的增值服务。

2021 年 4 月，德必与上海科技创业投资（集团）有限公司（以下简称上海科创投集团）、A 轮学堂联合推出了“科创秀”系列路演活动。这类活动是为了整合嫁接优质资源，打造基于园区生态的企业创投空间 AI 秀场，重点扶持掌握核心技术的头部科创企业，为它们获得全周期的投融资提供解决方案。首秀的人工智能专场就放在德必虹桥绿谷 WE 举办，汉理资本、上海市人工智能技术协会、上海科创投集团、棕泉资本及元禾原点等投资机构担任路演评审。这次路演吸引了数十个优质项目报名，最终进入路演环节的有 5 个公司，分别是彩虹鱼海洋科技、秉匠科技、仪酷智能、毫厘科技以及撬动科技。其中，开发创新型水质监测技术、提供环境水质大数据服务的毫厘科技就是德必虹桥绿谷 WE 的客户。毫厘科技恰好处于全面扩大生产规模的关键时刻，正在进行第三轮融资。德必举办的这类活动对毫厘科技的创始人来说，是有真正价值的。

由于德必的园区本身也在进行和人工智能有关的系统升级和改造，致力于打造智慧园区，同时，德必自身的科技基因和应用场景极为丰富，因此也有被章海东称为“赋能型创投”的业务。比如，智能家居企业雷盎艺术智能在智慧社区方面深耕多年，德必可以通过战略合作、合资等方式，让雷盎艺术智能的设施、产品和解决方案融入德必智慧园区的管理和应用中去。杭州极木科技有限公司是一家专注于研发智能停车机器人的科技公司，也被德必看重。“我们会选择一些好的科技公司去投资或合作，比如机器人停车等，这些应用和德必对智慧园区的场景想象也是匹配的。”贾波说，“德必有一个好处是，这些新产品首先就能应用在园区中，我们本身就是一个很大的市场。”

2021 年，贾波在首届德必外滩创客大会上重新阐释了德必的服务，他的这一阐释比在上市时将德必的主营业务归纳为“商务服务业”更进一步，也比“为轻公司服务”这一阐释更精准。他认为德必要致力于成为全国领先的文创和科创产业全价值链服务商。正是基于这样的想法，德必将持续举办创客大会，让优秀的创业者和优质的投资机构汇聚一堂，为资本和创意提供相互了解和合作的平台。

未来办公：科技服务于人

2021 年 5 月 27 日，在德必外滩 WE 举行的 WE 系列品牌六周年庆上，由德必和入驻德必外滩 WE 园区的企业洛素（Rosso）共同举办的“漫长的白日梦”艺术展成为亮点。该艺术展包括 20 幅艺术作品，吸引了全球 20 余个德必 WE 系列园区中的 20 家入驻企业，其主题是“未来办公方式”。

这是德必 WE 系列品牌的传统项目。2015 年，在决定发布 WE 系列品牌之前，德必就曾对近 1 500 名白领进行过随机采访，了解大家对未来办公方式的想法。之后德必倡导了名为“WE ART 100”的长期艺术行动计划，希望能集结100位艺术家，以100种艺术形式和100场艺术活动，百分百地诠释“WE”，诠释“我们”。在这项计划中，“办公空间可能性”是一个被持续关注的热点。例如2018年6月，在德必龙潭WE举办的“WE ART 100”活动，主题即为“触摸灵感——未来办公方式概念展”。

星空顶、深渊镜、沉浸式交互屏，将科技引入空间

2022年3月8日，陈万里主创的德必虹桥国际WE正式开园。这是德必在虹桥国际中央商务区的全新旗舰产品，开幕仪式上最引人注目的是星空顶、深渊镜、沉浸式交互屏等多个以未来办公体验为设计理念的科技办公产品。

基于智慧科技赋能的人性化空间环境体验，是德必空间理念的重要面向。海外的德必硅谷WE（硅谷数字科技创新中心）和国内的德必虹桥绿谷WE[硅谷人工智能（上海）中心]、东枫德必WE（人工智能创新基地）以及德必岳麓WE（岳麓山人工智能产业中心）等园区，不仅实现了精确定位于AI+的科技产业集聚，而且特别注重将最新数字科技，尤其是园区企业的创新技术和产品应用到园区空间体验升级中。

德必虹桥国际WE定位为长三角数字科技创新中心，设计方案集成了德必多年的运营经验和优势，并充分考虑到后疫情时代下所需的安全办公距离和全新工作方式，将前沿科技、人体工学与设计

美学巧妙融合，成为德必空间设计以科技赋能办公模式的最新尝试。

星空顶是指陈万里在打开原来传统写字楼实用但略显逼仄的一楼入口后，形成的一个跃层、开放、立体的门廊。他在二楼顶部设计了天穹图案，缀满点光源的光纤密布其上，创造出灿烂星空的效果，晚上的观感尤其特别。穹顶星空下是旋转而上的两层阶梯，背景墙和围绕楼梯构成的创意书谷与科技星空交相呼应，一改之前写字楼的严肃、刻板印象，提升了空间活力。

深渊镜利用镜面反射原理，LED 光源形成的图像在两个不同透光率的镜面间来回反射，形成无限叠加的镜像效果，望之如同置身时空隧道，是一项被寄予激发客户创意厚望的后现代装置。

“不说的话，他们都不知道这块大屏幕是可以触控的。”陈万里点击着沉浸式交互屏进行演示并向其他人介绍。这一 98 寸红外触摸高清屏幕配备可视化体感设备，结合德必研发的数字化特效程序，通过感应特定位置上人体不同的手势和姿态，能够模拟不同的物理化效果，如碰撞、流动、旋转、光影，从而在数字 3D 场景中动态显示园区、企业、活动等多媒体信息，可以说是实体空间的数字化延伸。

德必虹桥国际 WE 支持远程办公，还在疫情期间普及远程工作工具——云直播会议中心，并配备超清全彩 LED 显示屏，这个 LED 显示屏不仅画质细腻、色彩明亮，而且换帧速度快，超高刷新显示配合低亮高灰无损技术，能够提供更宽广视角并适应更近的观看距离，将视听体验提升到一个新境界。一楼电梯间还安装了无介质空中成像电梯按钮，无须手指接触即可选择到达楼层。这是德必始终从体验者角度出发，在后疫情时代不断打磨和精进的又一款与前沿科技相结合的办公产品。

德必虹桥国际 WE 园区配套的周边商业也进行了全方位的升级，除了和德必合作密切的 MO+ 咖啡、德必运营的有邻便利店，还加入了自营的 DoBe x Ufood 智慧科技餐厅和 DoBe x FITNESS 高端私教型健身房。

上述数字科技体验与空间设计模块库的结合，德必称之为“从工作共享空间向‘工作 + 生活多维共享’的转变升级”。其中的关键就是以人性关怀为本，将科技潮流引入空间场景，让园区的服务成为水波效应持续活跃的科技激荡力。

在未来办公空间的发展进程中，如果家居环境的智能化不能取代办公空间，一定是因为后者也在进化，并且始终引领这一进化过程。

促进用户交流：轻公司生态圈

“早期，德必的主要客户是文创企业，它们看重创意环境，也需要空间中有艺术、文化的元素。”陈红说，“德必对景观、配套设施和设计元素的把握，能让这类企业一下子就产生身份和文化的认同。”随着移动互联网的高速发展，到了 2019 年前后，科创企业开始成为德必的另一个重要的发展引擎。举例来说，大众点评网在成立早期就入驻了长宁德必易园，之后迅速成长为国内最大的生活服务业电商平台之一。“科创企业和文创企业不同，它们增长迅猛，非常有后劲，而且对舒适感、共享办公、人和人之间的交流、获得更多的资源及外部合作都有更多新需求。”陈红说，这就使得德必的产品和服务从注重人和自然的交互，快速进入鼓励人和人的交互、连接的阶段。作为产业园区运营服务商，德必所倡导的全价值链服务，也进化为入驻园区的企业客户之间的沟通枢纽。或者说，德必既是用户之间价值连接的平台，也受益于这种连接而找到了自身更大的价值。

美国畅销书作家和创新学研究者史蒂文·约翰逊（Steven Johnson）[①]在研究“为什么会有很多创新在同一个地区内相继产生”这一课题时说，“当一种环境能更加方便人们接触和开发相邻可能时，这种环境就具备了最大的创新潜力”。他认为，人类一旦开始自行组成一种类似液态网络的组织，创新与发明就会不断地涌现。对于在人口众多的社会组织里出现的信息分享，经济学家们有一个比较形象的术语——信息外溢（Information Spillover），“外溢”这个词形象且具体地描述出了在人口密集的群体里，流通的信息呈现出的液态特点。高密度的液态网络不仅有助于好创意的产生，而且有利于保存和扩大好创意。创造力不一定是由鼓励诱导出的，真正起作用的是碰撞——当不同的

① 史蒂文·约翰逊被誉为科技界的达尔文，他的著作《伟大创意的诞生》（*Where Good Ideas Come From*）首度揭开创新缘起的 7 大关键模式，该书的中文简体字版已由湛庐引进，浙江人民出版社于 2020 年出版。——编者注

专业领域聚集在同一个共享的物理或智力空间里时，就会发生碰撞。

如前所述，德必对企业创新环境营造的理解，并不偏重某种要素或要素的叠加，而是一种多元、循环、交互的“活”的系统。在这个系统里，所谓绿色，不光指植物，还是生命；所谓循环，不光指信息，还是生态。德必致力于为创意企业提供全生命周期的解决方案，这一运营理念的底层逻辑，就蕴含在一个个拥有鲜活生命支持系统的生态环境中——按照德必从公司业务链层面总结的概念来讲，这就叫作“轻公司生态圈”。

“轻公司”还具有一重特别的意义：轻能耗、轻排放。德必参与的城市存量资产的更新与改造，也就是将城市中原有的制造业企业改造为“轻公司”，这样做不仅会减少碳排放，而且这样的改造方式本身也是低碳的。“如果一栋楼被炸掉以后再重建，会消耗很多资源，但做一些微更新和微改造，实际上是以最小代价、最低投入、最少能源消耗来达到目的。”贾波说。2021 年，“碳中和”成为年度关键词，贾波最新的目标是尽早在德必产品线中建设中国第一个能够做到发电自给自足的碳中和园区。为此，他尝试同一些知名科技公司接洽，研究园区和太阳能一体化发展。例如在玻璃上贴光伏膜，在屋顶上用太阳能发电等，如果风力足够，在面积较大的园区内部，还可以配备风能发电设备。

2015 年入驻天杉德必易园的“55 互动”是专注于做金融服务的数字营销机构，可以为金融机构数字化平台提供从品牌宣传到运营管理等一条龙服务。2013 年成立以来，这家公司不仅服务了 G20 金融稳定委员会（Financial Stability Board，FSB）发布的全球 9 家“不能倒”金融保险机构中的 5 家，还和中国平安、安盛天平、MetLife 等行业内诸多明星金融公司保持着长期的合作关系。“55 互动”的创始人马强说：“大多数广告公司是横向发展，从某一个领域拓展到多个行业领域。而我们是往垂直方向深耕，从传播获客到技术开发与用户留存，致力于为金融机构提供一站式全方位的服务。”显然，这也是一家经营生态式全业务链的公司。

2021 年 10 月，上海市人民政府发布了《加快打造国际绿色金融枢纽服务碳达峰碳中和目标的实施意见》。碳达峰（Peak Carbon Dioxide Emissions）就是指在某一个时点，二氧化碳的排放不再增长达到峰值，之后逐步回落。一个多月之后，“55 互动”就成立了“碳抵科技”，并上线小程序“碳低低”。“碳低低”是广州碳排放权交易所授权的“个人碳抵消证书”出证平台，与中国科学院合作，能够对每个园区、企业乃至个人的碳排放行为进行计量测算与验证，让单位用户的碳足迹可量化、可操作。在“碳低低”小程序中，个人用户可以通过低碳行为获取能量，参与线上植树，兑换权益。同时，用户可以通过在线支付的方式直接购买碳自愿减排额度（CCER），抵消自己在日常生活中产生的碳排放量，并获得由广州碳排放权交易所颁发的“个人碳抵消证书”，全部证书数据都保存在区块链上，可实现实时溯源，不可篡改。“碳低低”企业版则能为企业提供精确到一次会议或活动的碳排放精准核查以及量身定制的碳资产开发与管理、咨询及培训服务。马强也期望“碳低低”能在天杉德必易园试点，让园区和园区企业携手做一些更有益于生态环境的尝试。

从 2016 年起，德必每年都聚合旗下产业园区的企业资源，举办国际社群节（International Community Festival，ICF），这是一场汇聚园区内众多科技创新、文化创意企业与白领精英的大型文创企业和科创企业的盛会。德必围绕“轻公司生态圈”这一概念，为企业提供了创意和资源的交流平台——这一活动已经见证了万余名创业者的成长。

之后，2021 年 12 月 3 日，由国际社群节升级而来的首届德必外滩创客大会成功举办——这次大会可以视为德必对自身定位和所提供服务的一次校准与重新定义。德必外滩创客大会更加聚焦创业者的发展需求，为他们提供更为精准的创业助力。在首届德必外滩创客大会上，为期 3 天的主题活动在线上及线下共吸引了 2 000 余家创客企业、500 余家投资机构以及 100 余位各个行业赛道的专业导师。到了 2023 年，德必外滩创客大会再次升级，成为市级活动“文创上海”创新创业大赛暨外滩创客大会，力求为全市的科创文创企业提供常态化的创新支持服务。

无论是提出搭建轻公司生态圈，还是通过不断升级园区服务成为文创、科创产业全价值链服务商，以帮助创业企业相互连接、抓住机会，得到更好的助力而发展，贾波和陈红的本意都是利用空间产品和服务，促进创意工作者们与经济机会的匹配——不同领域的人才、公司和资源聚集在德必园区里，再辅以适宜的外部环境和信息的流通，能够让其中的个体产生足够的内生力量，形成创新大规模爆发的奇观。

大量的德必园区形成了一张物理意义上的网络，无论是德必的管理者、经营者们提供的沟通平台和连接服务，还是创业者、投资机构和政府组织彼此之间形成的跨界交流与合作，实质都是让这张网络中的信息流通变得更为顺畅，凸显出“液态”这一特点。之后，身在其中的创新者们的创造力和创业成功率都会得到提高。德必空间设计的底层逻辑与服务理念就像一颗石子被投入创新的液态网络，它所产生的水波效应会让创新者的成功被迅速放大、传递和保存，形成某个领域、社区乃至城市的财富。这会形成一种全新的“德必现象”，远远超越之前客户仅仅在物理上依赖园区的景象。

在鲜活的办公室景观（Office Landscape）中不断升级的轻公司生态，就是德必现象的内核：融合双重创新的德必产品。

发掘创意园区带头人

经过长时间观察一个充满活力的社区，简·雅各布斯得出如下结论：在促进社区的繁荣中有非常重要的一类人，即“公众人士”的存在，包括商店店主、商人和各类社区领袖。这类人是整个社区生活的催化剂，他们天性积极，乐于参与和社区建设有关的各种活动，也有动员周围人的资源和能力。他们的很多做法在有意或无意中会影响周围的人，也能将人们及其理念对接在一起。雅各布斯认为理想中的社区，既需要人员的多样性、适宜的周边环境，也必须存在各类能够积极产生创意并主动用自己的行为和表达去促进交流的“公众人士”。

一个创意产业园区也是如此，德必已经通过空间产品和服务努力促成园区企业的交流，并鼓励各大企业参与对空间的塑造。在入驻德必园区的客户中，存在着一些热情参与、勇于表达、乐见分享的企业，它们是带动整个园区的创造力氛围的不可或缺的领头人。

在德必园区里，人们最容易自发参与的共创活动是改善自己的创意微环境。不论是种植绿植、装扮屋外的公共平台，还是装修出个性化的办公室，创意工作者们总是会很自然地从打造身边环境入手。激发创造力所需要的空间，不是说环境要如何奢华，而是要让周边的设施与创意工作者的工作与生活节奏达到和谐状态——陈红构建德必五大场景的产品底层逻辑时，正是充分意识到了这一点，才能恰到好处地满足客户的需求。

因此，不止一个公司在德必原有的空间产品模块，例如焦虑过滤器和情绪减压阀的感染和带动下，自发地在办公室旁边的公共平台或绿地上种花种菜。这一行为一开始往往是出自本能，之后却能为园区的其他客户也带来好处，并增进了人与人之间的交流。正如建筑师安藤忠雄所说，“在思考环境时，最后的依靠就是人们对自然的感受力”。

一户一庭院

“在德必天坛 WE 里，由于我们一开始就秉承着‘一户一庭院’的概念进行设计，几乎每个客户都有用植物与邻居所在区域隔开的独立小院。”德必北京公司副总经理雷晓燕说。令人惊讶的是，一旦接地气了之后，很多从来没有种植经验的客户们，都像着了魔一样热衷于在自己的庭院中种花种树。人们因为和邻居们交流种植知识而变得熟识起来，他们还会特意向园区的绿植供应商求教，并请对方帮自己找到称心如意的植物品种。

德必天坛 WE 的 F 座是一栋跃层的小楼，是 20 世纪 20 年代的老建筑，时空视点整合营销集团进驻之后，特意请绿植供应商帮他们找来了蔓生蔷薇，代替北方地区常见的爬山虎，在 F 座的整面墙上种满了这种春天会开出美丽花朵的植物，还特意为它们搭好了攀爬的架子。“我们每年都搞植树节，按照惯例，园区会送给新入驻的客户们一棵树，让他们带着对自己企业的寄语种在园区里，这些树都是果树，现在很多果树已经在园子里开花结果了。”雷晓燕说，“这是园区里最受欢迎的活动之一，谁会不喜欢植物呢？”

自然美学，营造像家一样温馨的办公空间

“高老师简直把德必长江 WE 一整层公共平台的绿化都‘承包’了。”德必集团南京城市公司副总经理王玉说，她的一位客户——南京豆豆蚁艺术设计有限公司（以下简称豆豆蚁）的创始人高贞是学国画出身的，尤爱荷花，在自己办公室外面的公共平台上种满了盆栽荷花和各种花果，这成了她自发参与创造的德必长江 WE 的焦虑过滤器。夏季荷花盛开时，人们能在这层平台上见到“接天莲叶无穷碧，映日荷花别样红”的盛景，隔着荷花遥望德必长江 WE 对面的江宁织造府旧址，会让人产生身处历史之中的恍惚感。王玉和邻居们一有时间就会在这里坐坐，享受与自然的片刻亲近。“她们家种的蓝莓结果了，还经常叫我们摘果子吃。”王玉说。

高贞多年从事幼儿教育工作，是一个对工作和生活都充满热

情的人。她创办的豆豆蚁，是国内第一家专业从事幼儿园环境设计与研究的设计公司。“我总是告诉设计师们，在为幼儿园做空间设计时，除去要具备专业素养之外，还必须将对日常生活的体悟和对孩子们的真实情感投入其中。”高贞对空间设计的领悟和陈红在设置德必五大场景时的初衷不谋而合。高贞也认为，人们在工作、思考过程中可活动和可腾挪的场域越丰富，可做的事情越多，越会产生更丰富的创造力。遵循这个原则，她把办公室设计得像家一样温馨和“五脏俱全”，甚至包含了厨房这一空间——她不愿意让自己的设计师们一天到晚待在电脑旁。“他们本来就应该从很多日常的、细小的事情中汲取灵感。”高贞说。为此，她鼓励设计师们经常出去看展览，养花也成了大家工作之余非常好的调剂品。虽然同时照管这么多花，为它们浇水、换水也是体力活，“在露台上养护盆栽花比在土地上种花要费力得多，但很适合在长时间思考之后换换脑子。”

来天台菜园换换心情

登龙云合的城市规划设计师们，则把德必老洋行 1913 位于四楼的公共平台认认真真规划了一番。除了添置沙发、吧台、凉棚等休闲设备，他们还在平台上放满了花箱，在里面种了很多蔬菜。“这个小菜园的生物多样性很丰富，黄瓜、西红柿等蔬菜可以一茬一茬定时采摘，而且我们没有给这些蔬菜打任何农药，这些蔬菜完全是天然有机的。”公司创始人荣耀说，“种植可以吃的东西似乎是人类的天性。我和设计师们都很喜欢这个平台，我们不仅在这里开会、交流，加班累了，还可以躺在这里看星星，换换心情，有时候邻居们也会上来坐一坐。”

登龙云合的设计师们非常愿意和其他人共享这个天台，这里也成了德必老洋行 1913 的创意激发地和情绪减压阀。三楼的邻居上来玩，觉得他们搭的凉棚不错，找到施工方也在三楼的公共平台上做了一个。“很多东西都是大家用着觉得好，就自发地互相借鉴一下。园区里有个做红酒生意的邻居特别喜欢这里，在这里办过烛光品酒会。”荣耀说，“这是个特别好的和外界交流的环境，而且大家都很自觉，搞完活动后都会把天台收拾一下，帮助我们恢复原状。”园区外的人也慕名而来，多次在这里举办过聚会和沙龙。

容纳用户共创的热情

从某种意义上说，只要时机合适，创意工作者们中有很多人，都会热情参与他们所在社区的建设活动——他们愿意与他人交流，并且试图影响外界环境，这是由他们的专业知识和创意身份驱动的。

这样的人往往非常善于观察和发问，好的问题除了来自发问者的灵感之外，基本从观察中来。充满活力的创意工作者们和外界的交流往往从提问题开始，他们会热衷于向别人或自己提出具有挑战性的问题，比如，如果这样做（或不这样做），结果如何？为什么不这样做（或那样做）?

在商业组织或社区中，一旦出现了这样擅长观察和交流的成员，必然会创造出新的价值，因为这类人对很多事情都有特殊的兴趣，也乐于拓宽自己的知识面。真正有创意的企业或者个人，不仅有想法，也有感染力和组织协调能力，能够很好地运用自己的内、外部关系网来实践新的想法，激励或说服他人和自己一起行动。那些能够跨越自己本来的业务、人际圈子去和朋友们或陌生人进行交流、提问，并锲而不舍找到答案的人，往往能够形成更有价值的想法，并把它们应用在新的产品或商业模式上。他们的创意和成果，通过德必推崇的共创理念和开放的态度所产生的水波效应，能够随着涟漪被不断扩散和放大。

多伦多大学罗特曼管理学院商业与创意教授理查德·佛罗里达通过研究发现，所有的创意工作者都强烈希望身处一个能让他们发挥创意的组织机构和外部环境里，这种机构和环境应该重视他们的投入，建立一种有助于产生创意的机制，并且能够接受小的变化以及偶尔出现的大创意。换言之，只要是真正的创意工作者，在日常生活和工作中发挥创造力是他们的天性，如果有一个区域能够为这些人提供宽松自由的环境，“无论其规模大小，在吸引、管理和激发创意工作者方面，这些区域都将具有更大的优势。这些企业和地区也将同时不断产生创意理念，取得短期的竞争优势以及长期的发展优势。”佛罗里达说。

因此，德必对这些用户自发带来的改变和创意能接受到何种程度，如何将其变成双方都能接受的成果保留下来，才是共创能持续多久、有多深入的关键。

找到相互影响的交流点

上海锴德建筑装饰设计有限公司（以下简称 KCC）在 2018 年搬入上服德必徐家汇 WE 时，提了一个非常特别的要求。他们租赁的位置正好在五层面对电梯的那一侧，“电梯打开，当时人们第一眼看到的是德必设计的一个共享会议室。”上服德必徐家汇 WE 的设计总监孙大军说，KCC 就去跟园区商量，有没有可能把会议室放到别的地方，把这个位置让给 KCC 设计，变成一个白色的展示面。“我们所在的这个建筑过去是厂房，比较狭长，缺一些开放的空间。”KCC 的设计师们希望电梯打开时，人们能看到一个有品位和调性的立面，而不像其他楼层一样是功能性的会议室或共享空间，他们认为这能带给整个楼层一种更有创意的气氛，而来访者顺着这个展示面走向 KCC 白色风格的办公室时，也会有一种顺理成章的感觉。

KCC 入驻上服德必徐家汇 WE 的时间很早，提出这个要求的时候，德必还在装修公共区域，按孙大军的说法：“这是一个很微妙的时间点，因为德必也有自己的设计，并且已经接近完成了。”

双方的探讨建立在两个重要的基础条件上。首先是德必的空间产品一向具有共创的基因和极为开放的态度。孙大军知道，“这件事在办公用写字楼里是根本不可能拿出来谈的，写字楼完全实行标准化的管理”。其次就是 KCC 的心态，他们并没有一味只强调自己的需求，“我们并不是只想展示自己公司的形象，而是想给五层楼的空间带来一种独特的整体氛围，因此会充分考虑公共人群的使用感受和视觉效果。”

双方就 KCC 提出的改造方案进行了几轮讨论，最终选定了一版改造方案。德必把正在建的共享办公室拆除了，这部分的空间由 KCC 接手改造。“现在大家进入五楼，在电梯打开的瞬间，整个视觉效果和其他楼层是不同的。”孙大军说，“他们会觉得进入了一个很有质感的空间里，切实感受到这是一个设计师云集的地方。”这个白色的立面设计还为 KCC 还带来了一些“邂逅”，来拜访的公司和邻居们看到这个设计后，特意找到 KCC 并和它建立了友好联系。

KCC 是那种极为少见的对空间设计有独特看法，并且坚定地要将这些观点首先在自己身上付诸实践的设计公司。在搬来上服德必徐家汇 WE 前，KCC 的全部设计师对需要什么样的办公空间做过非常长时间的探讨。他们在上服德必徐家汇 WE 租赁的是一个近 700 平方米的跃层，为了充分利用这一空间并注入自己对办公空间的设计主张，KCC 的艺术总监朱易安不但在内部发放了有关的意见调查表，还和同事一起对办公室的发展历史（从 18 世纪开始到现在）进行了梳理。最终，KCC 的设计师决定把办公空间全部放到楼上，楼下则只设置茶室、会议室、冥想室等功能性空间，整个办公室以白色为主，空间的划分、内部装饰、灯光等设计元素都极富个性，会给第一次进入公司的人留下深刻的印象。“这样做（楼上和楼下的设计做出严格的功能区分）是希望给大家带来一种仪式感，当设计师们要共同探讨一个方案或内容时，从楼上走到楼下，会有一种团队成员正式沟通的气氛。”孙大军说，KCC 希望大家从自己的小空间走到开放空间时，会经历一个很自然的改换心情和状态的过程。

KCC 的设计师们后来将这些关于办公空间发展历史的资料，以及在设计过程中的讨论和设计方案全部收集起来，并进行了整理和归纳，变成了一个名为“第二生活空间”的展览。这个展览就放在办公室楼下的空间中，开放给社会人士和朋友们，欢迎大家一起来探讨办公空间和人的关系。

不管 KCC 的理论与实践是否和德必的观念一致，但他们希望办公空间对人的行为和工作方式产生影响的初衷与德必是一样的。就像雅各布斯形容的那样，KCC 是一个有“公众人士”自觉的公司，一直热切地想用自己的实践去与外界进行交流和碰撞。

“在这样的创意型园区里，大家都应该找到一些交流的点来和别人互相影响，光闷头在自己的空间里干事是不行的。”孙大军说，“德必开放的心态，给了大家足够的自由度来发挥所长。”同时，德必又有自己明确的界限——德必文化创意设计院不但积极参与了展示面方案的选择，而且在 KCC 装修内部跃层时，也对保障建筑结构安全性提供了技术帮助，并进行了严格的审核。KCC 的“第二生活空间”展览开展后，德必的设计师们和园区工作人员也都抽空去参观了。

“KCC 和德必之间的共创，并不是硬邦邦地被凑在一起的，而是通过一些真正的创造活动，经过一个求同存异的过程被固定下来的。”孙大军说，“我觉得这种连接和交流，更紧密也更扎实。”

光的力量

三色石环境艺术设计院杭州分院（以下简称三色石）总经理邹辉是国家一级照明设计师，他的公司从事的是城市夜景照明、商业综合体灯光等设计工作。在东溪德必易园租下办公室后，邹辉立刻换掉了先前用户留下的成排射灯，使用了可以随时间和季节调节亮度的照明灯具。邹辉的观点是，光不仅具有照亮空间的作用，还具有视觉、生理、心理的多维度主动健康干预作用。他首先就在自己的办公室里发挥了照明具有的这些作用，比如：根据工作特点为一些同事的工位配置特殊的采光方案；尽量避免光线直射，大量采用漫反射照明手法；在书架和置物架的格子后面安装灯带，在空旷的（不可改造的）承重墙面前用石膏板做出隔栅隐藏光源。邹辉说："这样做，与人们常用的照明方式相比，并不会增加成本，但员工体验感大大增强了。"

很快，邹辉的专业经验就从三色石外溢到东溪德必易园中，他在工作之余，也在不断审视园区的环境和照明设置。东溪德必易园是由大型商场改建的，特点就是单层使用面积大，但除外墙周围的一圈办公室有窗户外，中间的办公室的采光条件都不好。为了克服这种天然缺陷，东溪德必易园园区总经理张智利和同事们需要不断思考如何通过空间的改造来提升用户体验。2020 年，疫情导致部分商户退租，园区将总共 700 平方米的可出租面积拓展为公共区域，增加了供人们休息的沙发和茶几，这样做既提高了舒适度，又能让室内布局出现一些变化。但邹辉从专业角度观察，认为这些公共区域还可以做得更好。他告诉张智利："现在那个区域里，人们头顶上安装的是刺眼的射灯，光线直射人眼，在这种光线下，人很难真正放松。"他通过在东溪德必易园 118 室和 2 楼 B 区公区卫生间的灯光试验，证明灯光可以带给人们更好的体验。比如，强调立面照明可以让人们感觉空间变大，让空间顶部变亮能消除层高不足所带来的压抑感。在一些采光不好的空间里，园区如果通过巧妙的方法改善照明条件，还能提升客户体验并降低空置率。

三色石和德必的共创从一开始就非常顺畅。东溪德必易园的亮点就是园内造景而成的"东溪"以及直透裙楼屋顶的"森林"，楼里的客户都喜欢在水边散步，享受与自然接触的片刻时光。邹辉的办公室就在"东溪"边，在他搬来之前，客户白天不开灯，散步的人从外面看，这里就是一排黑黢黢的房间。邹辉为办公室做了整体灯光改造设计之后，一直开着灯，成了"东溪"风光的一部分。他的个人办公室隔窗就是"东溪"，办公桌也是茶桌，平时经常有园区内的邻居来闲坐聊天，他还会免费把这间经过精心设计的茶室出借给需要接待重要客户的朋友们。

三色石对面就是东溪德必易园里最大的供出租的共享会议厅，这个会议厅以前也是不开灯的，在邹辉的建议下，现在全天提供照明，客户们在散步经过时能很容易地看到里面的设施和使用情况——人会对日常所见之物产生信赖和兴趣。"全天照明花不了多少钱，这样做比在屏幕上做广告的招租效果还要好一些。"邹辉说。

三色石由此和德必产生了更多的缘分——在合肥德必庐州 WE 的园区中，邹辉参与了其中一层的照明设计工作。

直播间大改造

和客户一样，德必也有着创意身份，德必甚至有比自己的客户们更广阔的观察领域。当园区的客户遇到了经营问题或其业务形态发生改变时，园区经理和经营者们有可能通过自己的观察、创新与实践，为客户提供更有价值的空间产品或服务。

从 2020 年 11 月开始，德必在园区内开始尝试着为受到疫情影响的园区客户提供直播空间和运营服务。在大宁德必易园，“德必玩拓直播间”有 13 间，上海玩拓文化传媒有限公司（以下简称玩拓）是大宁德必易园的客户。德必上海城市第一公司总经理徐吉平说：“玩拓租赁了其中的 7 间直播间，既是我们的大客户，也是合作者。”

这一创新其实并非完全是疫情的产物，而酝酿于更早的 2019 年 10 月。“2019 年，玩拓告诉园区经理说要趁国庆节假期做内部装修。”徐吉平和同事们都觉得挺惊讶，因为玩拓之前的办公空间做得很舒服。“为什么还要改动？”玩拓解释说，主要是因为公司开辟了线上直播业务，需要设立直播间。国庆节过后，玩拓的直播间打造完成，徐吉平等人去参观，看到对方在办公室里腾出十几平方米，分割成了4个小房间。“非常简单，甚至可以说是‘简陋’。”徐吉平说，“但玩拓的业务量很大，每天都在直播，与之合作的都是知名品牌，我对这件事情非常好奇。”

徐吉平当时就在想，德必是提供空间服务的，如果直播是商业大势所趋，“那么德必做类似的场地，不用客户投入资金做硬件改造，他们只需要付租金，租赁方式非常灵活，可以按时或按天计算费用，不知道客户们愿不愿意？”为此，徐吉平和同事们做了一些调研，去询问客户的意见，大家都觉得这个主意挺不错。

2019年做了初步调研之后，徐吉平还没能下定决心做这个尝试，疫情及时“推”了她一把。2020年，德必园区里的很多企业客户因为受到疫情影响，无法实地开展销售及市场活动，亟须转向线上经营，都开始想“自救”做直播，但又苦于经费和空间有限。徐吉平觉得应该抓住这个机会做服务创新，就找到了玩拓谈合作。大宁德必易园里的德必玩拓直播间一开始确实是德必和客户共创的成果：一边是做直播的玩拓，作为使用者，它对环境的需求和硬件配置是最清楚的；另一边是能够提供空间构建服务的德必。“我们请设计院的同事把玩拓的需求调研清楚，还参考了很多有直播需求的客户的想法，最后打造出了自己的直播基地。”徐吉平说，“这算是在德必空间里孕育出的一个小小的创新产品，从一开始，客户的反馈就非常不错。”

德必玩拓直播间是从2020年6月开始策划的，到2020年11月试营业，最终呈现在客户面前的，是精致、专业的 13 个不同类型的直播间，能满足服装、食品、游戏类的各式直播。其中，玩拓承租了 7 间直播间，“他们把办公室的直播间拆掉了，恢复成了以前舒适的大空间。”剩下的 6 间直播间则由德必组建的团队来运营。除去为园区客户服务之外，从一开始策划的时候，德必就对直播间做了比较明确的定位。由于大宁德必易园的地理位置和空间特性能保证直播人员的舒适度和私密性，“因此，我们打造了明星直播间。”德必玩拓直播间负责人周欣潞说，德必对直播间的空间规划和硬件做得很好，又充分考虑了嘉宾进入直播间的动线，最大限度地避免了外界的干扰，因此很多明星愿意选择来这里直播。除了商业性的直播，根据场地优势，园区运营团队还开始尝试社会公益性内容直播，于是便有了上海静安区人民代表大会立法信息采集点的宣传直播，以及助农直播。“我们的直播间还配备了一套非常高级的厨房产品，所以很多烹饪、食品类的直播也会选在这边。”周欣潞介绍说。

对于玩拓来说，德必不仅仅是直播间的房东。德必的园区经理们熟知客户们的近况，如果有直播需求的客户不仅需要场地，还需要代播服务，园区经理就会把玩拓推荐给客户，周欣潞说：“我们双方是深度捆绑合作的关系。”

徐吉平和同事们在 2021 年 8 月对使用直播间的客户来源做了分析，发现有 40% 左右的客户来自大宁德必易园，60% 的客户来自周边——这里面既包括德必其他园区的客户，也包括慕名而来的纯外部客户。周欣潞说，从2021年8月到2021年底，德必玩拓直播间的预约都满了。考虑到客户的旺盛需求，再加上德必园区在上海的广泛分布，大宁德必易园的运营团队觉得，可以谨慎地将这一服务和运营经验分享给上海市的其他园区。

“我们目前选择了上服德必徐家汇WE和德必虹桥绿谷WE来做试点，从周边调研的情况来看，这两个地方既有区位优势，也有强烈的客户需求和可以做直播基地的空间。”徐吉平说，由于这两个地点都不在上海城市第一公司的管辖范围内，德必玩拓直播间的运营和管理人员需要同德必文化创意设计院以及这两个区域的同事们一起密切合作。因此，这也可以算是一种共创。

收获价值黏性：赢得忠诚的创意型客户

贾波和陈红在刚开始创造德必创意空间产品时，就明确了两个原则。

一个原则是德必反复强调的，始终要和“轻公司”这一先进生产力代表站在一起。因此在招商时究竟应该选择什么样的企业，德必一直有很清晰的规定。“我们和客户之间始终存在着双向选择，而不仅仅是为了完成出租率的KPI。”德必上海城市三公司的总经理邱秀玲说，园区会尽量去挑选出色和有活力的科创企业，并且尽量让它们的调性与德必的整体企业文化相符。

虽然德必各个园区的定位有所不同，但文创、科创园区的招商和运营人员在引入企业时都有明确的标准，他们的目标是既要做到产业集聚，又能保持某种程度上的多元化。换句话说，德必会优先考虑那些有活力、创造力，而且有着积极参与的“企业人格”的公司。

另一个原则源自陈红作为超级用户的领悟，他能发自内心地理解那些要亲自动手做出让自己满意的环境的用户们。“我的工作就是做好产品的大框架设计和基础服务设施，给大家提供一个简约、舒服的大平台。”陈红说，“很多人说德必的项目一开始看起来没那么漂亮，我说你放心，现在是 60 分，等到我们选中的客户进来，大家各显其能、百花齐放的时候，园区就变成 90 分了——还有 10 分的余地，是留给我们双方一起进步的。”

基于陈红这个后来被命名为“60/90 分”的原则，即使许多科创企业用户们更青睐拎包入住，德必文化创意设计院的设计师们也在为客户们提供个性化服务——设计师们能按照企业的需求，帮助它们设计和创造自己喜欢的独特微环境。

德必服务的对象是创意型企业，其中的文创企业、科创企业虽然以中小微企业为主，但也是成长得最快的一类企业。从园区日常运营数据来看，成长性就体现为客户办公面积的一再扩张。紫龙游戏 2014 年底刚入驻上海天杉德必易园的时候，办公面积只有 200 多平方米。到 2021 年，其办公面积已经超过 4 000 平方米，成为这个独栋园区的最大客户。旎思文化创意（杭州）有限公司（以下简称旎思文化）是一家全链路电商服务企业，2017 年在杭州东溪德必易园开始创业时，办公面积不足 300 平方米。2018 年，旎思文化扩租一次，2019 年又扩租一次，2020 年疫情时期的办公面积没有变动，2021

年扩租两间办公室，一间 400 多平方米，另一间 900 多平方米。除了中间有一次扩租是换租之外，旎思文化在东溪德必易园的办公面积超过 2 000 平方米，分布在两个楼层。

德必对成熟园区出租率的考核标准是 97% 为达标，所以租户在园区内扩租只能见缝插针，有人退租立刻补位，比如，紫龙游戏的办公室就分布在多个楼层。有些新客户对德必园区很感兴趣，但对当下可出租的办公室面积或位置不太满意，这时候园区的建议是让他们先租下来，排上队，将来有合适的位置空出来，再近水楼台第一时间补上去。事实证明，这是真正的经验之谈。能让入驻企业保持这种程度的黏性和忠诚度，前提必然是园区产品和服务让他们感到相当舒适，至少是经过了与同类竞品的比较，企业客户发现了德必空间的独特价值。

量变的积累会引发质变。经营亲子服务平台的“彩贝壳”也是上海天杉德必易园的租户，这家公司已经从最早租用的 500 多平方米扩租到 700 多平方米，还表示需要继续扩张。2021 年，天杉德必易园处于满租状态，园区经理发展出全平台调剂的技能，在距离不到 2 公里的德必总部所在的长宁德必易园，给这个客户安排了一个 1 200 多平方米的办公空间。

德必在上海经营多年，园区遍布各个区域和地段，加上鲜明的产品特色与标准化的服务流程，形成了平台优势。入驻企业一旦习惯了德必的软、硬件环境，就会对它产生一种品牌依赖。如果客户需要在园区之间转换，人脉与资源也可以积累、互通，省去了很多时间和前期沟通成本。许征宇在找办公室时，恰逢位于上海闵行区的七宝德必易园刚开始改建，他眼看着园区逐渐成形，他的公司也是第一批入驻园区的。在七宝德必易园待习惯以后，按他的话说，自己拜访客户时经过别的德必园区，“心里也会有一种亲切的感觉”。

秘密花园：创意企业是园区的主人

秘密花园是一家在上海营业10余年的西餐厅，它就隐藏在德必法华525园区一隅。2009年，德必法华525刚建成，秘密花园的创始人当当很偶然地找到了这个地方。“这里确实是很难找，藏在园区里，而且因为这里原来是库房，所以采光也不好。”当当说。德必法华525是德必园区中第一个完全由陈红主导设计的项目，陈红曾经担心这个区域可能会是德必法华525里最难租出去的地方，没想到一下就被当当给“拿下”了。

当当那时刚从东欧旅行回来，在捷克和斯洛伐克看到了很多古堡式的小酒馆。这个相对封闭、昏暗的空间反而激发了她的灵感，她要做一个类似欧洲风格的小餐馆——不要太明亮，要复古一点，神秘一点，给人一种隐藏在都市里的小天地的感觉。

当当亲自设计了秘密花园，将不到200平方米的空间进行了合理的分隔，整个室内装修的主调是19世纪的东欧风格，色彩浓郁、艳丽而温暖，但穹顶又掺杂了一点东正教的建筑与美术元素，据说这个设计曾经让来自俄罗斯大使馆的客人赞叹不已。“大家当时都没有经验，只能慢慢地试，木工师傅天天在这里拆了装，装了拆，搞了很久，整个屋子的穹顶、墙面的颜色和装饰图案都是我们自己一点点画上去的。”当当说。

因为在氛围和菜单上都很花心思，又带有空间实验性质，秘密花园一直到2011年才开始正常接待客人。在漫长的装修过程中，当当始终抱着一个信念：既然要把经营秘密花园当成人生中很长的一段经历，当然就舍不得乱弄一通，糟蹋了这个地方。“我就把它当作艺术品来做，这样才能给真正喜欢它的人带来美好的感受。”

就像当当说的那样，秘密花园用自己独特的空间审美和美味的食物赢得了食客们的青睐。在这些人眼中，难找、光线昏暗等缺陷反而成了特色。“藏在繁忙都市里的秘密花园，氛围感‘拿捏’住了，连入口都很难找到。”“门脸很小不好找，但是进去以后别有洞天，布置得非常舒服有格调。”“每一个角落都是氛围感。”“在魔都生存超过7年的餐厅会给人一种值得尊敬的感觉，秘密花园已经营业13年了。”……在大众点评网上，秘密花园在13年里积累了6 000多条顾客自发写下的评论，得分4.5（满分为5）。来过秘密花园的人对其菜品、服务和氛围的评价都很高。

这个尝试也影响了当当在之后创办餐厅和咖啡店时的选址，她开的另外一家很受欢迎的西餐厅小芳廷，在长寿路的一个产业园区里。“我为什么会喜欢园区？就是因为我们的调性很相似。我想做的是长期、稳定的事业，靠口碑吸引客人，打造一个友善的小社区。

秘密花园的客人中有很多是能打招呼的熟人，像朋友一样。”当当认为园区的稳定性和社区感很强，租金更可承受，远胜沿街那些炙手可热的商铺。“就拿德必来说，大家相处了这么久，彼此已经像老朋友一样熟悉了。不管是园区的人自己来吃，向朋友推荐，还是在疫情期间给我们减免租金，他们一直都在用各种各样的方式支持我们。德必法华 525 风格偏简约中式，我们是西式的风格，大家的风格不一样，但背后为顾客服务的理念是一样的。”

在这些年里，秘密花园因为受到客户喜爱，生意做得越来越好，其租赁面积也变得更大，从一楼慢慢扩到了二楼。当当非常喜欢园区在二楼设计的公共平台，2021 年 10 月，陈红来园区做例行客户拜访时，两人在秘密花园里喝了杯茶（陈红也是这里的忠实顾客）。当当跟陈红商量，园区能不能让自己主导，把二楼的公共平台搞成一个小花园。“既可以和园区共享，也能让客人更喜欢这里。”秘密花园的一个亮点就是室内常年装点着大量鲜花，“如果这里出现一个真花园，大家肯定会更开心。”

“德必从一开始做园区，就没有把自己定位为主人，而专注于提供空间和服务，那些像秘密花园这样在园区里工作和搞经营的企业和创意工作者们才是主人，我们尊重和鼓励他们与德必一起对空间产品进行共创。”陈红说。

因此，毫无悬念，根据“60/90 分”原则，陈红答应了当当的请求，两个人随即和园区经理讨论起了在二楼修建花园时可能会遇到的一些具体问题。“我信任秘密花园的品位，如果这个小花园做得很成功，他们的生意会因此变得更好，园区的客户们也会很喜欢这里，双方的活力都会被进一步激发出来。”

陈红的这个态度，是被德必写在企业价值观里的：“彼此信任、深度相连、共创价值。”

园区运营要进行“社群创新”

《伟大创意的诞生》一书的作者史蒂文·约翰逊在 2014 年为该书所写的中文版序言《为什么创新对当下的我们如此关键》中，提出一个预言式的猜想：在接下来的 10 多年里，商业创新最重要的突破会源于交叉领域，即公共部门和私营部门的重合处。这是一种有意思的交叉模式，私营部门搭建了一个管理和描绘城市问题的端口，而公共部门则依然充当着解决问题的传统角色。

德必园区就是这样一个“端口”。德必喜欢使用“赋能”一词来表示助力，然而“赋能”的收益是双向的。国外也有产业园、工业园，但与国内园区的形成和发展路径不同。中国的文创产业园区、科创产业园区因国家产业战略而诞生，地方政府又以政策和资源大力扶植，一些城市里具有国资背景的新园区在开始招商时，甚至可以给出免除 3 年租金的优惠。在一个个产业园区的形成和发展中，德必园区和客户通过一次又一次交互作用的传导、共振和反馈，保持着水波效应的活跃与扩张，其中的参与主体以及上下游机构都在这一过程中受益。贾波一直坚持德必的外部性普惠立场，回过头看，园区企业乃至社区环境的发展，同样对德必具有完全正向的外部性。

这个道理适用于一切B2B模式的平台运营服务商。因为B2B业务天生以所服务的企业为中心，只有让平台生态和合作方变得更强大，平台自身才能壮大。可以说，“利他”是B2B平台的特性。

“德必服务的产生和迭代，其实就建立在它的空间产品基础之上。”德必首席运营官罗晓霞说，因为德必空间产品的特点，例如花园、露台、食堂、咖啡吧和共享区域等场景的存在，园区内部很自然就存在着人和人之间交流、互联的气氛，园区中的企业相互认识的可能性会比在封闭写字楼中大得多。“我们在拜访客户的时候，往往会发现园区里的不少企业早就和上上下下的邻居们熟悉或合作了。”罗晓霞说。

这些来自一线的信息推动了服务的加速升级。德必的管理者们作为超级用户，能迅速将自己带入文创企业和科创企业的创始人的角色去想问题。陈红总结说，当这些企业凭借在某个领域的实力做起来，开始进入规模化发展阶段后，最大的痛点应该就是“缺人，缺钱，也缺资源”。

“所以我们在2010年的时候，开始推出七项增值服务，之后这些服务又增加到了十项。”陈红说，德必开始担任帮助企业客户进行更加丰富、多元化连接的角色，就这样，德必的运营思维进入了“社群创新”的阶段。

在德必园区的应用平台上，有日常涉及白领兴趣爱好的各种活动信息，也有职业社群，例如CEO俱乐部、CFO和CMO的社群活动等。罗晓霞自己就牵头做了一个市场部门的社群："市场总监们是所有公司中最活跃、最善于交流的一群人，也是最清楚自己公司发展战略的。"她把园区内的各个公司市场部的负责人组织起来，经常举办交流活动，还邀请嘉宾来讲课。德必一直都在鼓励企业之间的交流，促成公司之间的各种合作。"不管是搞讲座、运动会、茶话会还是组织CEO俱乐部、财务经理培训等，每个园区一年会搞50～80场活动。在疫情来袭之前，德必的所有园区加起来，一年要办2000多场活动。"罗晓霞说。

随着园区数量的快速增长和大量文创企业和科创企业的集聚，德必的服务形态已经从具体的物理地点"蔓延"出来，开始演变成一个跨园区、多姿多彩的信息服务平台。而随着帮助企业招聘、融资和咨询等服务的不断丰富和落实，德必会越来越像一个资源丰富而又定位精准的社区型孵化器。

这些服务必须建立在一个坚实的产品底层逻辑上，才能顺畅地进行。"我们一开始做园区，就没有想过只做'二房东'，而是着力从园区运营商转型为综合服务商。"贾波说，"德必历来讲的就是以客户为中心，以奋斗者为本。"

德必未来不断丰富和强化的服务，正是附着和架构在其独特的空间产品之上。陈红已经为服务奠定了场景化的基础——德必五大场景的核心理念正是指向了"打开"与"连接"。当空间和服务都能支持人们更方便地接触、交流且获取信息时，这种环境就具备了最大的创新潜力。

05

从创意园区到创意街区

如果个人的表达
和对空间的理解
没有被尊重，
丰富多元的公共空间
就不可能形成。

创意人士在选择居住与办公环境时，越来越注重社区氛围和配置。洛水花原决定更换办公室的时候，负责人刘菁蓉挑选区位的方式是，在上海地图上标出所有员工的居住地，然后发现了两个最密集的区域：静安区与闵行区。公司本来就准备从静安区搬出来，所以最后选择了位于闵行区的七宝德必易园。同在七宝德必易园的许征宇入驻后，也制定了一项公司政策：凡是居住地到公司步行时间不超过半小时的员工，每月补贴房租 2 000 元，公司鼓励员工在办公室附近居住。

类似措施最初的动机，主要是为了减少超大城市堪称“恐怖”的通勤状况给员工带来的压力，以保持他们创意工作的良好状态。但从长期来看，这种措施的影响是双向的：一方面，创意社区会吸引创意人士聚集；另一方面，创意人士的聚集也会让创意社区发展得更好。

创意人士与创意社区的双向选择

理查德・佛罗里达在《创意阶层的崛起》一书中提到，人们在选择社区时更加注重个性化的需求，希望自己生活和工作的地方具有多样性、原创性、凝聚力和激情，并举了多伦多一个欣欣向荣的多维创意中心的例子。《行政管理改革》2020 年第 5 期也刊文探讨了多伦多城市文化场景的构建机制，文章还特别指出创意人士聚集对社区塑造的作用，他们不仅仅是选择社区而已。[①]

> 现有大量研究聚焦于文化产业集聚（工作地点）对区域经济发展的推动作用，鲜有针对当创意群体聚集在社区（居住地点）时，对社区所产生的溢出效应的研究。多伦多市的实证研究证明，当社区内 20% 的当地居民从事艺术和文化工作时，该社区往往会因为表演、展览、工作坊、非正式聚会、咖啡馆和其他文化设施而变得生机勃勃。这与“城市实验室”（CITY LAB）在美国匹兹堡加菲尔德小镇所开展的“6% 创意人理论”的研究发现不谋而合，文化生产者的集聚不仅刺激了文化生产者自身的审美创新，而且也使这些集聚区域本身对外来游客和消费者产生吸引力。

佛罗里达关于社区选择的结论是：

> 由于个人对组织的依赖性已经不复存在，因此社区本身必须成为将我们聚集到一起的社会母体，就像现在它是将人与机会、公司与人进行匹配的经济母体一样。在当今的社会中，几乎一切都是流动的，公司、职业甚至家庭都是如此。因此，在这个社会综合体当

① 范为. 城市文化场景的构建机制研究——以加拿大多伦多市为例 [J]. 行政管理改革，2020（5）：83-91.

中，通常只有社区能够保持恒定。由于社区扮演这样的关键角色，我们需要努力让每个社区都更加强大，更加具有凝聚力，同时还要能够容纳流动性和种种变化（尽管看似有些矛盾），因为这已成为我们生活中的一个重要组成部分。

德必园区与其构建的开放平台一向注重发展与所在社区的融洽关系，园区本身也已经逐渐具备社区的特征。从 2012 年的虹桥德必易园开始，第三空间的标志物——咖啡馆基本就已成为德必园区的标配。早期，上海对创意园区的商业配比有一个限制，应该主要是为了防止其中业态偏离“2.5 产业”的生产性质，避免让园区变成一个类似综合市场的场所。但更深层次的问题在于，政策虽然支持园区配备咖啡馆，但是当时人们把创意园区仅仅视为一种孤立的城市零件式的存在，而非社区更新的催化剂。德必在园区内引入商业配套一开始是出于满足客户的需要，比如附近没有方便用餐的地方，就引入一家餐厅，实际上这些商业配套也属于当地社区。后来随着平台的扩大，德必开始对此做出系统的规划。目前除了纯商业类服务设施，园区内还有艺术书吧、手工艺作坊、园区创意企业的展示空间，以及画廊、艺术节、音乐会。

与此同时，有些园区企业也注意到自己所处的这个平台的投资价值。比如杭州东溪德必易园客户禧世通（杭州）控股有限公司（以下简称禧世通）总经理程新迪认为，德必目前的园区网络平台已经具备了一种独特的投资价值。比如，对于各园区通用配置的餐厅、便利店、咖啡馆等商业配套，德必如果能整合标准和供应链，完全可以打造出几个全国品牌，甚至将它们包装上市。他自己笑称：“我这都是操的贾总的心。”程新迪判断的前提是从资源与流量占有的角度来说的，德必已经是一个半封闭的社区，然而半封闭意味着半开放，未来只会更加开放。因为德必产品逻辑中的价值共创，也即德必的核心使命，就是与创意企业和人士一起共建共享，不断扩大创意社区的场域范围。

创意社区水波效应

安藤忠雄在欧洲考察时，曾经对那里丰富、复杂和充满市民生活气息的公共空间——广场这一场域赞叹不已。他在思考如何让一个空间变得更加丰富多彩时，得出的结论是：如果城市管理者和建筑设计师们只以秩序和管理为核心去考虑问题是不行的。这样做，充其量不过是制造出一个寂寥、有序的空间罢了。如果要形成一个丰富、多元和活跃的公共空间，让更多的人参与进来，首先必须让其中个体的表达和对空间的理解获得认可，让规划者本能地控制欲望。如果个人的表达和对空间的理解没有被尊重，丰富多元的公共空间就不可能形成。

陈红对德必创意空间的看法与安藤忠雄的结论是一致的，他的“60/90分”原则也源于此。在园区中，像自建小花园的餐厅秘密花园、动手装饰整层楼公共空间的设计公司 KCC 这类个性鲜明的企业，在德必所构建的开放平台上成长，它们与德必之间必然会存在相互影响、促进和制约的关系，而不仅仅是交纳房租和提供物业服务这么简单。这种关系就是德必的空间产品所产生的水波效应——只有实现设计者和使用者之间在空间和各种层面上的相互反馈，德必的生态系统才能真正地活起来，就像在池塘中投入石块后引发的阵阵涟漪。

在这些由空间产品激活而来的场景中，德必园区首先会成为配套商业和与其增值服务相关的企业孵化器，园区中不少人的商业灵感源自德必的空间设计原则，并在与园区的合作中逐渐打磨成熟，比如目前已经在3个德必易园中进行试点的MO⁺咖啡。而一些战略及理念与德必相近，并在德必鼓励和帮扶下不断创新的企业，比如东枫德必 WE 中的大悦榕和餐厅（以下简称大悦榕和），这类企业的存在和发展则增强了德必园区整体的影响力，它们都构成了水波效应中的重要圈层。水波效应还激发了德必自身的创新能力。比如，德必与客户相互助力，尝试着建立了区域性甚至联通上海、杭州两地的直播基地——很多开展新兴业务的公司的入驻，都会为德必开拓新的服务或空间产品带来灵感和契机。

水波效应一再扩大，它的终极形态将是社区繁荣，创造力溢出园区，完整形成空间与制度在地理上呈现的网络系统。这其中以德必天坛 WE 所在的北京街为代表，在经过德必的翻新和再创造之后，北京街已然成为北京南城一个吸引年轻人打卡的网红街区，既增加了周边地区的客流量，又让园区提高了知名度。园区与社区其乐融融，形成了和谐共生的关系，最终展现为德必空间产品独特的凝聚力。

MO⁺ 咖啡：公共空间联动实验

MO⁺ 咖啡的创始店——荒漠花园店，藏身于虹口德必运动 LOFT 里一个由老厂房改造而成的玻璃房内。2017 年 6 月，MO⁺ 咖啡从这里起步，到了 2021 年，它已经在上海、成都开出了三个门店，有了自己的咖啡烘焙工作室、甜品研发店、茶物研究所，还和一个度假空间合作开了一个咖啡共享吧。

作为创业企业，MO⁺ 咖啡的成绩很不错，创始店荒漠花园店目前在虹口区已经被众多咖啡爱好者所熟知，店内的手冲咖啡、桂花澳白、厚椰乳 dirty 和瑰夏美式，以及夏季的百香果莫吉托，都被食客们赞扬过。MO⁺ 咖啡成都店研发出了撒了青花椒粉的咖啡“海盐椒玛”，也获得了好评。因为 MO⁺ 咖啡自己做甜品研发而且用料讲究，很多人都夸 MO⁺ 咖啡的特色甜品口感新鲜、低糖而且健康，并提到 MO⁺ 咖啡有别的咖啡馆里吃不到的东西。比如，研发人员“脑洞大开”研发出的玫瑰腐乳千层，就在荒漠花园店收获了不少好评：“味道太特别了。”“第一次吃这么中式的蛋糕。”“从未试过的口感。”MO⁺ 咖啡背后的供应链基础打得也很扎实，它有自己的烘焙工厂和生咖啡豆直采供应商，这意味着在咖啡豆原料上，MO⁺ 咖啡既能保持口感和质量，又能很好地保持产品的性价比优势。

花了 4 年时间，MO⁺ 咖啡在消费者眼中，已经成为一家有态度、有专业追求的精品咖啡馆。然而，在上海这样一个竞争极为激烈的市场中，只做到这种程度是远远不够的。2021 年，“上海现存咖啡馆超 8 000 家”的话题上了热搜。荒漠花园店所在的虹口德必运动 LOFT 一带，包括星巴克在内，就至少有 7 家咖啡馆。MO⁺ 咖啡要想继续壮大、发展，就必须找到自己的独特竞争力，才能在这片红海中脱颖而出。

回过头来看，MO⁺ 咖啡最初的三家模型店最独特的地方，在于都开在各地德必园区的 wehome 中。“这个品牌创立的时候，我们就想好店要开在类似德必园区的 wehome 这样的空间里面，主要目的是尽量利用这类现成的公共空间，为园区内的客户提供更多增值服务。”MO⁺ 咖啡创始人杜颖喆（朋友们都叫她阿杜）说，MO⁺ 咖啡之后计划开店，也是要和各类产业园区的公共空间“捆绑”在一起的，因此，它不仅是一个精品咖啡店，还是办公场景里的第三空间。

换言之，德必的设计师们在 wehome 和公共区域里已经划分出了“快乐补给站”“情绪减压阀”“高效办公区”等一系列基础空间的架构，但他们还需要找到更多合作伙伴，一起将各种丰富的内容元素灌注其中。阿杜的 MO⁺ 咖啡就是“快乐补给站”里很重要的“软件”之一。MO⁺ 咖啡在其中填入了丰富的文化内容和活跃的社交气氛：既提供了创意工作者们在工作之余放松和交流的刚需产品，比如咖啡、饮料和甜品，又能帮助德必的会员社群中心办活动，提高人们在园区中“邂逅”、交流并激发创造力的概率。

每个 MO⁺ 咖啡门店都有自己的熟客群，咖啡店会积极组织各种活动，甚至能超越园区的范围，成为整个社区的资源与文化交流平台。以荒漠花园店为例，在疫情之前，店员和德必会员社群中心的人以及虹口德必运动 LOFT 里的企业都相处得很熟，咖啡店自己置办了帐篷，经常在周末举办创意市集，不少园区企业都踊跃参加。MO⁺ 咖啡还和附近的几个创意园区联合起来，举办过越野跑步打卡活动。三个 MO⁺ 咖啡门店里的日常主题活动，如咖啡（红酒）的品鉴、亲子活动、古董茶具的直播售卖等一直都没断过，无论在线下还是线上都很受欢迎。

MO$^+$ 咖啡经过与德必的合作和实验，找到了自己真正的核心竞争力——只要与各类产业园的公共空间紧密联合，基本上就能做到创始人阿杜所期望的“低租金 + 低投资 + 刚需高频消费 + 多场景叠加销售”。园区现成的公共空间大大降低了 MO$^+$ 咖啡门店的装修成本，而刚需高频消费这一点，则很明显地表现在店里的销售数据上：迄今为止，MO$^+$ 咖啡有 20% 的销售额来自会员卡消费，说明客户是高黏性的；它的主力咖啡单品均价 28 元，客单价平均 48 元，人均 1.7 杯。“这说明园区里的咖啡消费社交属性突出，因为你总是要请几个办公室的小姐妹或者同事一起喝的，改天人家又一定会回请。”阿杜说。

如果换一个角度，从德必园区空间遵循的五大场景理念去解读 MO$^+$ 咖啡的功能，它其实帮助德必园区为创意工作者们提供了更多的场景转换服务。根据阿杜的测算，目前每个咖啡店有 70% 的客户是本园区的客户，20% 的客户是周边的客户，还有 10% 的客户是前来打卡的游客。这既是由德必和 MO$^+$ 咖啡共创的一块试验田，也是 MO$^+$ 咖啡在咖啡馆这一竞争红海中找到的特殊赛道——它未来会专注于服务刚需高频消费咖啡的办公场景下的客户群，将这一模式复制到更多不同的产业园中去。

以荒漠花园店为例，外人形容它的内部装修是“小粉红 + 大理石＋铜的轻工业水泥混搭风”，乍看上去有点令人“摸不着头脑”——这家门店既不像星巴克那样贴有第三空间的标签，也不像一些网红咖啡店那样有明确的主题或美学风格。但如果用德必特有的时间轴和五大场景的方法论来看，荒漠花园店内部区域的功能性却是非常明晰的：它在德必公共空间的工业风中开辟出了适合女孩子们打卡的“小粉红”网红咖啡店区域，有让人放松休息的沙发区域，有供人们长时间工作的区域，这里的咖啡桌都是75厘米高的办公桌，配有插座和适合久坐的凳子；整个咖啡馆最私密的区域还摆了一张大会议桌，外面有4扇折叠门，“拉起来就是一个商务的包间，是可以按小时出租的”。

因此，在MO⁺咖啡门店中每天上演的场景，不啻一幅描画办公环境之外的创意工作者们工作和生活状态的“浮世绘”——从早到晚，创意工作者们都在有效地利用这里的空间：有人抽空出来在MO⁺咖啡的沙发上打盹放空，有人抱着电脑在咖啡桌上埋头干活，有人选择来这里做不方便在办公场景下进行的一对一谈话，有人在这里接待访客，还有园区客户的管理团队在这里进行轻松一点的头脑风暴或团建活动。在大宁德必易园，因为园区的焦虑过滤器做得极其出色，竹林和各种景观为人们带来了在户外闲坐、享受生活的气氛，MO⁺咖啡在大宁德必易园开设的樟亭店的影响力已经溢出园区，吸引了一些咖啡爱好者前去打卡和消磨时光。

“人做很多事情时需要有不同的场景。”阿杜说，“人们的外在表现是来店里喝一杯咖啡，但骨子里的需求其实是离开办公室这一单调的空间转换一下心情，这才是为什么很多园区客户愿意来 MO⁺咖啡的原因。”“和德必一样，我们其实做得更多的是空间和文化的生意。”

大悦榕和餐厅：园区餐饮新场景

如果说 MO⁺咖啡像德必一样，使用场景化的方法去构建自己独有的竞争力，那么开在东枫德必 WE 中的大悦榕和，则打算抓住机会，通过在园区中的试点，摆脱团餐行业的思考定式，孕育出一种全新的高端园区餐饮服务模式。

大悦榕和的联合创始人程铭生从事了 20 多年的餐饮业，做过高校、商场、便利店等领域的餐饮供应商。2015 年，程铭生和美团合作，为美团下属的几千名员工提供日常餐饮服务。这个项目引发了他对科创园区及文创园区的兴趣。他发现，在一个有活力、有一定消费水平和运营稳定的公司或园区中，白领们对健康、安全、美味饮食的需求极为旺盛。相比之下，“做团餐那种给员工发放饭卡，‘不管好吃难吃你都得吃’的局面是维持不了多久的”。程铭生由此决定，自己未来的业务方向，应该是和高质量的大型科技企业或园区合作，为白领们提供优质的餐饮服务。

程铭生对未来业务模式的框定，是先明确自己不想做什么。首先，他不想再重复走人们耳熟能详的团餐老路，这等于将自己的想象力和能力完全束缚在了功能性的条条框框里。程铭生认为，“以往人们对团餐的看法是‘吃饱是第一要务’，餐饮服务商的能力完全被限制在企业每个人每天 15 元或 20 元的伙食补贴里”，这是一片竞争过度激烈、模式太过老旧的红海。其次，他也不打算做一个只在中午营业的普通食堂，而是想创造出一个高端园区餐厅的商业模型。

大悦榕和之所以诞生在东枫德必 WE，有很大一部分原因是园区租赁给了程铭生一个理想的空间——那是两块紧邻下沉庭院，能够看到绿植、阳光灿烂、通透的区域。“从空间条件上看，这里完全能扭转人们认为食堂一般都应该建在地下室里的刻板印象。”程铭生说。因此，他在大悦榕和的装修、科技化和菜单的安排上投入都很大，“要把这里做成新一代高端园区餐厅的样板”。他在细节上花了很多的心思：新中式的内部装修、质感很好的实木餐桌椅、从美国进口的保证 95 度以上的高温消毒设备；厨房安置隔油池，隔离油污废水，排污达到国际标准；采购优质食材；全部明炉亮灶，让食品的制作过程变得可视；在餐具中嵌入了智能结算芯片，能在高峰期完成“秒收银”。

归根结底，程铭生是想彻底颠覆人们对食堂的陈旧印象，让用户在大悦榕和用餐时获得高科技、便捷、健康和美味的全新体验。整个餐厅分成两个区域：一个区域 800 多平方米，提供各地小吃——水饺、米线、麻辣烫等加起来有十几家档口，这是为了照顾到园区中年轻人的口味和兴趣；另外一个区域有 600 多平方米，提供米饭和炒菜，凉菜、主菜、主食等品类也达到了上百种。“我们这儿能做高档餐饮，也能做地方小吃、精致盖饭，园区的员工们可以任意选择。”程铭生说，“口味则是家里的味道兼顾网红的味道。”

通过观察，程铭生得出了和 MO^{+} 咖啡创始人阿杜同样的结论：科创园区的员工们无论在工作时长还是性质上，都已经与之前体制内的“朝九晚五”完全不同，这使得餐厅为他们提供的空间和服务必须全面创新。“大悦榕和不但要给园区内的客户做出健康、美味、丰富和实惠的菜肴，还得成为他们工作和生活中的重要场景。”程铭生说。

就像之前陈红在设计五大场景时所做的那样，程铭生最终也选择了用白领在园区中一天的时间轴，来进行一系列的场景化实验。午餐当然是园区里的员工们一天中最重要的一餐，但由于东枫德必WE 所在地区周边的餐饮业并不发达，再加上交通问题（很多人要加班或选择错峰回家），即使是微利甚至不盈利，大悦榕和也为员工们准备了早餐和晚餐。考虑到园区员工们有晚上回家做菜的需要，他们还尝试了提供卤菜或炒菜的半成品供员工们采购。“材料和调料都准备好了，你拿回家下锅一炒就好了。”程铭生对园区白领说。

程铭生后来在餐厅里光线最好的地方，开辟出了一片 80 平方米左右的咖啡休闲区域——他也发现了，咖啡是科创园区内员工们的刚需，他们往往会在咖啡馆进行交流，而东枫德必 WE 的园区内和周边，并没有营业面积很大的咖啡馆。他跟设计师商量，能否在之前新中式的就餐区通过设计上的一些变化，做出一块让年轻人可以随时去坐坐，喝杯咖啡或聊天的地方。“一开始，设计师怎么也搞不明白我的意图，说咖啡区域应该单独围出来，另外设计成一个有特殊情调的空间。”程铭生说，“我告诉设计师说不能单独做，因为首先这里是园区餐厅，你是要在这个新中式餐厅的基础上，叠加咖啡馆的休闲风格，让这个区域在一日三餐的时段之外，还能有别的用处。”他后来又在就餐区里嵌入了一个气氛略有不同的小区域，以供员工们生日聚会、团队聚餐和接待外来访客使用。

程铭生的结论和阿杜是一样的，那就是在园区里做生意，必须是“刚需高频消费＋多场景叠加销售”。园区餐饮是微利，所以大悦榕和更要通过各种服务和空间的叠加，尽量把利润找回来——这是跑通这个商业模式的关键所在。餐厅现在可以满足员工一日三餐、团队聚餐和生日聚会等刚需，咖啡这一元素的加入，让它的可叠加场景变得更多了。“不像别的园区餐厅有开餐或关闭时间，大悦榕和一直都是提供照明的，餐厅光线很好，桌椅也都适合员工久坐办公，有了咖啡区域之后，一天内每个时段都有人过来，在这里接待访客或办公，到点了就顺便请朋友吃个饭。”程铭生说。

从创新的结果上看，程铭生的大悦榕和既是陈红理想中的快乐补给站，也承担了一部分创意激发地、情绪减压阀的功能。

但大悦榕和和 MO^{+} 咖啡终归还是有所不同的，一日三餐是人们真正的刚需，园区餐饮必须始终保持安全、健康、实惠和好吃的特点，才能为园区稳定地赋能，并建立用户对品牌的依赖和信任。疫情期间，东枫德必 WE 里的大多数公司都选择了远程办公，大悦榕和在严格遵守防疫规定的同时，坚持“不减员”“不离场”——这既是餐饮行业天然的责任感使然，又包含了大悦榕和对园区中还在工作的员工们的关心。“我印象很深，有一天园区里只有三个人吃饭，即使是这样我们也保证了食物的供应。”程铭生说，大家从三份饭开始做起，“慢慢增加到十几份、二十几份，最终大家一起渡过了最难的时光。”

“从一开始，德必的想法就和我们很契合，大家都认为餐饮是为客户服务和园区赋能的重点项目，对招商和帮助园区留住客户很有帮助。”程铭生说，“德必在日常运营和疫情期间，也给了我们很大的支持和帮助，我们之间很有默契。”

到了 2021 年，程铭生的坚持得到了回报。“虽然北京市局部地区疫情有一些反复，但大悦榕和的就餐人数一直都在稳定增加，先是园区里来吃的人越来越多，再往后，对面好几个产业园的人也都到我这儿来吃饭了。”程铭生说，“企业来园区看房子或是有人来参观，德必的招商人员或管理团队一定会领他们到餐厅来坐坐。”大悦榕和的品牌和经营理念开始得到了更多人的认可和信赖。

对程铭生来说，大悦榕和这一全新的经营模式，未来要能够复制和推广到各个园区、社区或高端小镇去。因此，大悦榕和一开始就是完全对社会开放的——园区内外的顾客都使用现金而不是饭卡结账，它已经用自己的菜品和服务吸引了周边产业园、办公楼中的不少员工前来就餐。程铭生说："我就是希望能让大悦榕和充分参与市场竞争，把园区 5 公里内的外卖都看成竞争对手，让园区和外部用户来帮我一起打磨商业模式。"这样做，一开始确实是一个挑战，也有很多困难需要克服，"但对大悦榕和来说，这是保证它未来健康、稳定发展的必经之路。"

"这个餐厅让整个东枫德必 WE 变得更有活力了，他们一直都在认真听取顾客的意见改进口味。"德必北京公司副总经理雷晓燕说。程铭生经常在餐厅里观察大家的反应，很多公司的员工都和他由此相熟起来。"我经常在这儿待着跟大家交流，看到有人剩菜，就会去问问这饭菜的问题出在哪儿，是不是咸了，油会不会放得太多。这么一来二去，大家就熟了。"很多客户后来会主动找程铭生，告诉他对餐厅菜品和服务细节的感受。在德必运营人员组建的客户群里，大悦榕和还会每天发布菜单，提前收集大家的意见。"如果细心观察，你就会发现，餐厅的菜品和服务确实一直都在迭代和改变。"程铭生说。

大悦榕和现在成了园区的亮点之一，只要客人来拜访，到了饭点，园区很多公司的员工、高管都愿意带客人们去食堂就餐。"我的朋友们都很愿意来这里吃饭，觉得新奇而且有趣。"徐宁说，一个原因是这里的环境和饭菜的性价比确实很高，"比外卖健康很多"；另一个原因则是，大家平时工作中经历的商务饭局太多，日常和团队里的人在一起热热闹闹地吃顿饭，也是很难得的社交体验，"就像回到了久违的大学校园"。

打造多元文化街区

无数关于创新的研究最终都表明，城市、社区、街区这样生机勃勃和能够容纳不同文化、多样化生活的区域，如果形成了一种让信息流通碰撞的液态网络，就能够成为创新高发地点。简·雅各布斯认为，一个生机勃勃的街区是个性、差异和社会互动的真正源泉。不同类型的人聚集于此，既能和睦相处，又能不断创造新的东西。街区为人们提供了一个可以时常进行交流和互动的场所，人们的理念经常发生碰撞和冲突，从而使得街区始终充满活力。

雅各布斯的理论促使后来的大公司，比如谷歌，在内部空间上极力模仿拥挤且人员密集的街区里形成的液态网络。因此，空间设计师们才会不厌其烦地设计出让人们能够偶遇并进行交流的会议室、共享区域、茶水间。虽然这类设计确实与现实里的社区有相通之处，但是在一家公司的封闭办公室里，依靠管理者和设计师高高在上的调配和控制，所能激发的思想碰撞和创造力是有限的。创新学研究者史蒂文·约翰逊评价说："这样的办公室根本比不上一个大城市的一条人行道。"因为这种空间设计几乎完全是单向度的，虽然美好，但绝对是人工打造的，缺乏员工的有效参与。而城市在一定程度上是有机的，是城市居民共同滋养和共创的成果。

从这个意义上说，德必的一个拥有几十乃至上百个客户的创意产业园，就相当于一个丰富多彩的小社会，从高密度、开放性、社区结构和成员组成方面来看，远优于谷歌这样单一、封闭的大公司。就像雅各布斯形容的那样，这是一种容易产生多样化和创造力的集聚，也能增进人们与社区之间的黏性、亲密度。德必的空间产品从一开始就散发着鼓励客户自己动手、积极参与塑造独特创意环境的气息。就像谭雯说的那样:“德必提供的空间有助于我们这样的公司进行个性化改造，太精致的装修风格和太严格的管理，在一定程度上会框死进入这里的企业。”

德必的企业性质也恰好能支持客户的共创行为——它善于运用高性价比的方式，对城市更新和存量资产进行运营改造。“高大上”的5A级写字楼根本不可能给客户留下反复实验、探索和自我表达的空间。只有那些拥有完善设施、高营业额的成熟企业，才能负担得起大规模改造高级写字楼的昂贵成本。相比之下，旧建筑有显而易见的实用性优势，只要不进行大规模翻新和改造，在园区创造出满意办公空间的花费相对要少很多。而且，这样的办公空间会让身在其中的人感觉更加自由和随心所欲，如果空间是挑高极高的复式结构或更复杂多变的样式，没准儿更能激发企业的设计和改造灵感。比如秘密花园就更好地利用了采光不好的空间。按约翰逊的说法，平台天生就对废弃物品有所偏好，实物性平台的创造力是从现有资源的创造性和重复使用的经济性中获得的。德必从一开始就是参与城市更新的企业，无论从节省成本的角度来看，还是从经营模式来看，它本身就是靠将老旧物品和消极空间创造性地变为可用资源而获利的——这些在空间和企业中原本就根深蒂固的基因，对德必形成开放平台和在其中的创意型企业参与共创而言，再理想不过了。

“最终，我们创造出来的空间产品会自动选择客户。”陈红说，“有的人一看到德必的空间就非常喜欢，当然，不喜欢的也大有人在，认同我们的理念和有创造力的公司很自然地就会汇集在一起，从而产生更大的合力和凝聚力。”

北京街，留存城市的共同记忆

德必天坛 WE 位于北京东城区法华寺街 91 号，前身是北京历史最悠久的电车修造厂，它的地理位置非常特别，不仅紧挨着天坛公园，还和红桥市场、天雅珠宝城是邻居——后面这两个地方是北京东城区著名的商城，尤其是红桥市场从 1979 年开始就存在于北京人的记忆中。经过几十年的转型，红桥市场从售卖蔬果海鲜和杂货，逐渐演变成了北京最大的珍珠交易地，同时还是东城区有名的国际化旅游商品市场。

“我们在做德必天坛 WE 改造的时候，恰好园区里有一部分物业属于天雅珠宝城，里面还有一些老客户的租约没有到期。”胡伟国说，“这种原生态的商业环境是很真实的东西，有底气也有生命力。北京人都知道要逛红桥市场、天雅珠宝城，这是一个城市的共同记忆，也是我们在改造过程中想要保留下来的。”于是，设计师们就沿着园区建了一条小小的商业街，取名“北京街”，让那部分珠宝城的老客户们搬了进去。

北京街的诞生，源于德必的城市更新情怀。这种对城市历史和原有社区形态的尊重，是包含在德必的设计原则中的。例如，上服德必徐家汇 WE 在改造时，园区中恰好包含一个有 20 多年历史、自然形成的艺术空间——画家街，德必文化创意设计院也特意将其保留了下来。由于陈红和设计师们有这样的情怀和开放的心态，“这些商业区就变成了一个个非常新鲜、好玩的元素，和德必园区形成了有趣的碰撞。”

改造后的北京街，就像胡伟国所说的那样，是“新与旧的对话”：跃层的小楼上有中式的屋檐，但落地玻璃门窗和独立平台院落，再加上德必特有的景观设计，都给它带来了明快、简洁的现代风格。整条街就像一个现代的小胡同——这既保证了各个商户的独立性又形成了集聚的空间设计，无形中成了北京街最吸引商户的地方。后来在这里长期经营的商户中有很多都是老北京人，他们不约而同地有这样的感觉：“这里一进来的氛围和我小时候生活的环境特别像，就是个更现代、更文艺一点的胡同。”“有种住平房的感觉，出门就能碰到街坊邻里，透着一股北京人特别熟悉的氛围。”“一开始打动我的就是整个街区的景观布置，而且我们自己还有个独立的小院子。”“这条街旁边就是天坛公园和原汁原味的老胡同，能让我一下就想起小时候的北京。”

北京街上聚集了几十家商户，其中有在大众点评网咖啡厅好评榜（天坛地区）中排名前三的网红咖啡馆 CABO Coffee、专注于珍珠设计的思路珠宝设计工作室、盖娅独立珠宝设计师工作室、经营手作皮具的不二手作工坊、艺术空间和小酒馆合一的 Waterhouse、经营珠宝和中古奢侈品的琦谜等。就在这一两年里，北京街又陆续搬来了不少设计感很强的服装店、小饭馆、酒吧、咖啡馆。街上还藏着几个很特别的古玩店，其中有一个是 2020 年开业的北京邢定文物商店，据探过店的文玩圈资深人士说，“这个店专注于唐代邢窑和宋代定窑，自然也得有店藏硬实力，居然……还真挺有样儿”。

“我们这儿还引进了一家爬行动物馆——壹松爬宠。”雷晓燕说，“再加上北京街口的犟進酒酱卤精酿小馆（以下简称犟進酒），这条街上现在真的是‘吃喝玩乐’样样都全了。”游客们也都对现在的北京街很有好感：“很有点老北京新潮化的特点。”“仔细看，各类文化创意的特殊小店挺多。”“听名字，你以为是美食娱乐街，其实可以叫‘创意园’。”“适合遛娃、闲逛、喝喝咖啡消磨时光。”“作为北京孩子我都惊了，直接变成井底之蛙。”“特别羡慕在这里（园区）办公的人，效率应该都很高吧。”“这就是个小宝藏地啊。”

CABO 咖啡：街区潮流商业

从地理位置来看，北京街在商业化上不占任何优势：首先，它虽然是开放的街区，但紧邻德必园区，入口不是特别明显；其次，它的周边没有什么真正能带动人气的景点，全是普通的胡同。早在2019年之前就搬来的商户说，在2020年之前，北京街并未形成如今这种独特的氛围。

转折点就在于CABO咖啡的加入。CABO咖啡的老板和乌拉圭有很深的渊源，据说这个店名就源于乌拉圭一个月亮形半岛上的小乡村CABO Polonio。店里随处可见他在乌拉圭拍摄的风景图片，还会展示乌拉圭艺术家的手工作品，清水混凝土墙面上有别致的涂鸦，店内以深绿色为主调，能让人联想起南美潮湿茂密的丛林。

“CABO 咖啡在咖啡圈里非常有名，它是在疫情期间从三里屯搬出来的。”雷晓燕说。CABO 咖啡的老板想找一个租金少一点且能让他撑过疫情的地方，他先找到了东枫德必 WE，但并没有决定。一方面，当时东枫德必 WE 的园区里已经有一家咖啡馆了；另一方面，德必招商的同事们都觉得他这个咖啡馆的调性，和德必天坛 WE 更符合，就推荐他过来这边看看。CABO 咖啡的老板一看，很喜欢北京街的感觉，马上请自己的设计师朋友做了设计图。“疫情期间几乎没有客流，大家心里都没底，他只租了一个 40 平方米的铺面。”雷晓燕说。在交流过程中，雷晓燕和同事们都觉得 CABO 咖啡的老板特别实在，也被他对咖啡的热情感染了，“而且我们一看他的室内设计图，觉得特别有感觉，和德必的风格很搭”。就这样，德必天坛 WE 尽可能给予 CABO 咖啡帮扶，欢迎它入驻北京街“把口儿”的位置。

CABO 咖啡自带流量，有很多熟客追着它跨越半个城来到北京街，园区客户也非常喜欢它。开门营业了 2 个月，到 2020 年 6 月，咖啡馆就已经人满为患了。CABO 咖啡很快就要求扩容，又租下隔壁的一间店面并和之前的空间打通，即便如此，它的门外还是天天排队——室内满员，年轻人就三三两两坐在咖啡店屋檐下的简易座椅上，一边喝咖啡一边聊天，让整个街道显得既有活力，又有欧洲咖啡馆的悠闲风情。“后来我们改造园区的时候，A 座有一个公共空间，正好在 CABO 咖啡的斜对面。”雷晓燕跟 CABO 咖啡的老板说，他可以把桌子放在公共空间里，园区免费让他使用。有时候北方的天气不好，顾客不适合坐外头，在公共空间里有空调，顾客们坐在公共空间里会舒服一些，咖啡又和整个空间很搭调，皆大欢喜。

“但凡能千里迢迢跑到CABO咖啡来的人，都是很讲究生活情调的。”雷晓燕说，“喝完咖啡后，大家很自然就要往北京街里走走逛逛。整条街的气氛忽然就活跃起来，很多商户看到CABO咖啡门口每天排队，心气儿也起来了，觉得自己的店铺应该好好搞一搞。”

创意企业集聚生态

任何有关创意产业园或创新城市的讨论，其中心议题都在于创造一个开放平台，引发企业的集聚。集聚自然有很多可以量化的好处，例如：在财务、技术和精神上的互相支持；提高市场效率，促进竞争；促成协作性互补交流与资源的置换等。开放、探索与互助合作的精神或风气，能将一个企业集聚地区的潜能发挥到极致，最后促成更可持续的发展。

作为平台服务型企业，从德必的角度来看，最理想的状态自然是吸引到那些“气味相投”的企业集聚，它们还必须存在一些不同之处，而不是千篇一律，这样才能造就彼此的互补和多元化：多样性意味着更丰富的好奇心与活力；而“气味相投”的意思则是假设将企业拟人化，它们的性格应该有一定的共同之处，比如乐于接受各种意见，想要突破自己固有的思维模式，会和外界不断交流看法，认识并试图超越自己——这些特质恰好对创新和形成新的商业模式非常有利。

如果要举例说明德必是如何利用自身对空间和服务的理解，有效助力一些企业的创新发展，那么咖啡店和餐饮店是最佳选择。这两项配套是园区建设中非常特殊的实验田：一方面，它们是创意产业园中很重要的刚需，到目前为止，德必都是通过引入供应商来为园区客户提供服务的，为了提高客户满意度，德必挑选的合作企业必定代表了它对优质服务的衡量标准；另一方面，咖啡店和餐饮店早已经是公认的“红海”，如果能找到勇于创新、有心气的企业，则是德必与“气味相投”的合作伙伴们共创的有益尝试，它们的成功必然会增强德必园区的影响力。

而从社会学的角度来看，由组织、企业或政府构造的一个具有生命力的开放平台，不仅仅能成为一些优秀企业的栖息地，随着时间的推移，它还会发展成一个具有丰富物种和创造力的微型社会，这些平台最终会将自己的影响力扩大到所在的区域，进而塑造出独特的地方气质或城市气质。德必空间设计恰好证明了这一点：它通过包含五大场景的空间产品与附着于其上的服务，将自己的影响力通过水波效应依次传递给了客户、街区与社区，这个过程层层交互、延绵不绝，最终形成了一种全新的城市创意场效应。

迄今为止，约翰逊对平台这个微型生态系统的形容是最为生动的。他用海狸构筑的堤坝来形容平台的产生：“通过啃断杨树、柳树以建造堤坝，海狸独自将温带森林转变成湿地，然后吸引并支援了一大批出色的邻居：红冠黑尾的啄木鸟钻洞，将巢穴筑在枯死的树干上；林鸳鸯和加拿大雁定居到被遗弃的海狸巢穴；苍鹭、翠鸟和燕子享受着人造池塘带来的好处，连同青蛙、蜥蜴和其他缓流物种，如蜻蜓、蚌类和水生甲虫住在一起。海狸打造了一个生命体聚集的平台，能够让多样化物种栖居于此。”生态学家们使用“关键物种”（Keystone Species）这个术语，意指一种在生态系统中具有重大影响力的生物。美国卡里生态系统研究所（Cary Institute of Ecosystem Studies）的科学家克莱夫·琼斯（Clive Jones）认定，生态学需要另一个术语来表述一种非常特殊的关键物种：实际创造了栖息地的物种。琼斯称这些有机物为“生态系统工程师”（Ecosystem Engineer）。按照这个解释，海狸就是湿地的生态系统工程师。

与之相对照，德必与它所塑造的平台的关系也是如此。约翰逊说：“平台建设，就其本身而言，是一种生成性（emergent）的行为。”海狸建造了一座大坝，本意只是为了更好地保护自己，这个行为本身却带来了一连串连锁反应和全新的影响。在自然界，平台建造者和生态系统工程师们打造了一个开放式的平台，入驻其中的生物会本能地共享并保护这里的资源，从而引发各种变化。

与之类似，在商业社会里，贾波和陈红既有为创意型企业服务、提供一个独一无二的空间产品的想法，又有让德必成为一个盈利正常、商业模式健康的企业的本能需求。就像海狸筑巢是为了保护自身和后代的安全一样，德必其实有意识地承担了企业生态系统工程师的角色。

抛开生态系统工程师、平台建造者的角色，德必本身也是一个具备鲜明创意身份的企业。由于陈红为德必设定了一个开放、友好的规则实现共创，这一平台的发展结果，完全有可能超越德必原本对创意产业园区的设想。例如，北京街这条从北京红桥特色商业街进行全面产业升级改造而来的商业街项目，依托于德必天坛 WE 园区别具创意的招商运营策略，汇集了传统的、新潮的以及“会玩”“好吃”的各路商家，已经成了天坛公园附近的一个网红打卡地——这一成功事实证明，只要创造一个可供创意工作者们自由发挥的环境，就会自动吸引越来越丰富、多元化的“物种”集聚，引发更为深远的影响：它能加强人们彼此之间的交流，进而也可能改变这些人的思考方式，激发出他们各种与以往不同的创新行为。

换个空间，换种生活

思路珠宝设计工作室是从红桥市场搬到北京街来的，它在红桥市场时原本就已经是头部的珍珠首饰设计与销售商。“在红桥市场里，我们已经获得了两个很优质的铺面，在别人眼里算是生意做得很好了。但十几年了，我们全年无休，每天在店里从上午 10 点忙到下午 7 点。我总想着应该出来改变一下。”总经理郑芳芳说。

2019 年 11 月，郑芳芳搬到北京街这个“接地气”的地方之后，马上就迷上了种花种草，园区也让她放手去做。于是，她和同事们一起把铺面后的小院设计成了一座迷你花园，还安装了自动滴灌系统。“我们想要让这个花园一年四季都有花，我选择的都是开白色、绿色花朵的品种，和自家店铺的氛围很搭。”郑芳芳说，借由种植，她和德必绿植供应商业务经理邵影也成了朋友。她和邻居（另外一家珠宝设计工作室）不约而同地在院子的角落里开辟了一个菜园，种了很多蔬菜。大家第一年就吃上了应季的鸡毛菜、草莓、西红柿、黄瓜、辣椒。之后每一年，自家菜园产的蔬菜和水果就没断过。

在 2021 年的植树节，郑芳芳在园区种下了一棵樱桃树，她说："我们 2020 年还种了三棵葡萄树，再过一两年就能结果了。"北京街的花园让她的生活和工作节奏发生了彻底的改变，她切身体会到了空间对人的影响。"我们以前真的是忙得每天除了上下班，都没时间出红桥市场的门。因为商场这个空间本身自带的气氛，就是快节奏和纯商业化的，无论什么人，只要一进店铺你就得上去招呼。但到了北京街这个环境里，我和同事们很自然地放慢了节奏。早上来上班时，我们的第一件事就是去看一下院子里的植物，看看植物开花没有、长势如何、要不要除虫，这是很自然的一种变化。尤其夏天一下雨，大家都没心思工作了，只想坐在院子里听着雨声，闻花草的味道。"

当年搬出红桥市场时，郑芳芳确实犹豫过，那是北京最大的珍珠销售集散地，很多人都觉得她放弃两个流量那么大的铺面太可惜了。但是郑芳芳的业务集中在新颖的珍珠和珠宝的设计与销售上，她发现自己的客户们更喜欢北京街的环境。"他们过去来红桥市场的店里谈业务、看货品，都是办完事就赶紧走了，市场里的气氛就是不能让人久留的。但是现在，经常有人到北京街这里来喝茶，坐在小院里和我们聊聊天，大家的关系更随意和融洽，还有人特意拉着朋友来，无形中还给我们介绍了新客户。"郑芳芳说，"从某种程度上来说，这个全新的空间帮助我们完成了一次生活质量和业务的升级，甚至提高了品牌的核心竞争力。"

经营珠宝、中古奢侈品店"琦谜"的李琦，以及经营手作皮具店“不二手作工坊”的主人王学，都是从高级职业经理人的职业轨迹上转换过来的。李琦在职业生涯之外找到了自己更喜欢的事情，她对品质好的奢侈品和珠宝有天然的辨识能力，无论是线下还是线上，琦谜的生意都很好。李琦说：“这种轨道转换，让我有了选择过更自由生活的权利，能待在我喜欢的空间里。”王学则从手作皮具上得到了一种“能驾驭一个过去从来没有接触过的领域的成就感和作品感”。

有些游客觉得北京街的人气不够旺，李琦和王学反而能接受这一点。“这里真要是变成南锣鼓巷、三里屯那样纯商业化、超高流量的气氛，我倒是觉得有点适应不了。”李琦说，“来我这里买东西的熟客们都是三四十岁且对生活品质有一定要求的人，他们都不是追捧流量型的人，反而更喜欢花时间仔细挑选、试用性价比高的商品。”而王学的皮具都是自己设计，一针一线缝出来的，她说：“要是店里每时每刻都有人进来进去，我还得站起来接待一下。有时候，我得花点时间想想怎么设计或者沉下心来做东西。如果游客一进来我就要招呼，我的思路就被打断了，太商业化的环境和做工作室的感觉还是不一样的。”

王学之前在澳大利亚工作了很长一段时间，因此她成了北京街上人缘最好的翻译，“有外国人来逛，我就帮街坊们和他们沟通一下，我有什么事儿，他们也会帮忙，这种邻里守望相助的感觉，和我们小时候住大院的感觉很像。”李琦说，“北京街的气氛非常好，我刚到这儿来选址的时候就认识了对门的北京大哥，我们管他叫街长。

这是我理想的生活氛围，我家缺个东西你给我，你来我这儿随便借点什么，跟胡同里多年相处下来的老邻居一样。”

流动的盛宴：共创是活力之源

当樊沈燕被问到，北京街是从什么时候开始真正焕发出活力时，她回答说，就是德必支持商户们各显其能，开始共创的时候。

“北京街的铺面，我们以前是请德必文化创意设计院统一设计的，中西结合，每家有落地大玻璃门窗，按理说很漂亮。但是，这样做的问题就在于整条街的门面都是一样的。”樊沈燕说，“大家心气儿上来之后，都跟园区申请，希望自己能够搞个漂亮的门头，或者重新装修自己的店。我们同意了。从那时候开始，每个商户都把自己的店面装饰得非常有特色。”

北京街的邻居们迄今为止也说不清到底是谁先开始装修的，总之，到2020年夏天，呈现在游客面前的已经是一条色彩斑斓、设计感极强、充满活力的商业街了：卖自制卤味与精酿啤酒的犟進酒是新中式的；不二手作工坊选中了地中海蓝色风，它对门的珠宝设计工作室是明黄色的；蓝色的琦谜珠宝把自己新开的奢侈品护理回收的店面“琦小焕”漆成了绿色；Waterhouse则给自己做了一个别具一格、隐藏起来的红色大门；壹松爬宠色彩斑斓的宠物们在模拟自然环境的大玻璃缸里悠闲自在地和门外的游人们对视；在CABO咖啡之后进入北京街的O.M.G咖啡选择了爱马仕橙色，还把自己楼上的天台装修一新，供大家闲坐；北京邢定文物商店则一直在这群色彩斑斓的邻居中保持着自己古朴淡定的中式风格；德必天坛 WE 作为主人，也在北京街里新添了一些有趣的装置，画了不少墙绘。

“CABO 咖啡带动的这个共创潮流，给我们的触动也很大。”雷晓燕说。德必的主业是经营园区，并没有真正涉足过商业街的运营，雷晓燕和同事们逐渐积累了经验，意识到在招商时要精选真正有创意和有实力的商户。她说：“我们希望引进好玩、新奇，别的地方找不到的商家进来，在这条街上，一定要有新与旧、东西方文化的碰撞和交流，就像 WE 的含义一样。”

雷晓燕的总结里其实包含着两个要诀：首先，北京街要通过招商的筛选，来确保商家具有独特的品质和创新的能力；其次，这个街区是由街坊和德必一起一点点创造出来的——当人们的热情被激发出来，自发参与到社区工作中时，他们的互动和创意，会让这里变成一个独一无二、充满活力的地方。

北京街之所以能吸引人，首先是因为它的真实性和独特性。真实性是由这条街上的各个元素构成的：它源于保存下来的城市记忆、现代而完善的设施；源于绿意盎然的植物和大家精心设计的店面装饰；源于不同行业的店主之间日常的交流；源于前来闲逛的不同身份的游客，还源于园区管理者与街区的互动。

与之相反，一条充斥着连锁商店、连锁饭店的商业街，其实并不是真实的，这些地方不仅到处看起来都一样，游客们在那里的获得的体验与在其他任何地方都没有差别。理查德·佛罗里达认为，一个城市或地区的真实性和独特性是密不可分的，任何人都能立刻分辨出一个区域到底是从别处原样复制过来的，还是真实而独特的。他使用了一个词来总结这些因素，即“地方品质”。

北京街因缘际会，成为一个有地方品质的区域——这种氛围会让一些厌倦了千篇一律的旅游点和商业区的游客们愿意流连于此。为此，他们总是夸赞北京街上那些自己喜欢的店面是隐藏的宝藏，因为人们越来越喜欢更富有独创性的、更真实的和更能够参与其中的体验——他们对体验的追求，远远超出了单纯的购买意义。

这种夸奖其实也确认了北京街上的店主们独特的创意工作者的身份。按照佛罗里达的说法，绝大多数的创意工作者都会很自然地参与到打造他们社区的地方品质的活动中来。地方品质并不会自动形成，而是一个持续迭代的动态过程，包括一个社区不同层面的慢慢融合，也包含了其中的“居民”自我认知的不断完善。佛罗里达说：“人们想要的并不是一个非此即彼的命题。成功的地方并不只提供一样东西，它们为处于生命进程中不同阶段、不同类型的人都提供了各种不同的可供选择的地方品质。”

北京街的发展是动态的，并不会一成不变。由 CABO 咖啡带来的这波开店热潮是否能够持续下去，并且让这个街区变得越来越吸引人，仍旧是一个未知数。游客、园区和商户们也都存有自己的疑问：“因为北京街旁边是园区，所以这条街上在晚上 7 点以后就没什么人了，也不知道在这里做酒吧的生意会不会好？”“德必是做园区出身的，他们能帮助北京街推广吗？”“现有的北京街体量较小，要想真的将其做成东城区的‘网红街’，可能还需要增加商户的数量，园区将如何规划？”“如果这条街越来越繁荣，园区会不会涨租金？”“如果游客越来越多，工作室的商业模式是否能够应对？”“将来大量游客来访会不会干扰旁边园区客户的办公？”

诸如此类的问题，都会在北京街未来的发展过程中得到答案——商户们作为创意工作者，会自发地充分发挥自己独特的创造力，找到一个适合自己的商业模式，并为这一街区的繁荣贡献力量。事实上，社会学家们发现，一个社区只有在既有固定居民又有流动人口时，才会产生社会稳定性。长期居住在社区的居民提供连贯性，新来者提供多样性，二者相互作用，才有利于形成促进创意产生的环境。对于社区来说，将人才吸引过来是第一步，给那些愿意为社区生活贡献力量的人充分发挥才能的空间，是更为重要的一步。即便这些人在社区只生活短短几年，但他们所能作出的贡献是超乎想象的。

在北京街这个案例里，通过观察和助力其成长，德必有望参透“如何创造出一个鲜活的商业街区”这一议题。

“德必的主业本来是园区运营业务，但园区里总是需要很多商业配套。”陈红说。从为附近居民和为园区客户服务的角度去考虑，把这些好吃、好玩、好逛的商家们放在一起，不但会让整个空间更有生机，而且也能让德必的影响力外溢到所在的街区，与整个社区融合得更好。同时，这些尝试也有可能为他在单体楼中建立的快乐补给站、情绪减压阀带来一些启示。“如何选择入驻商家，怎么让园内园外的人们都觉得这个地方非常特别？如何促进其中的企业做商业模式上的创新，和园区一起共同成长？这些也是德必未来在业务上的全新的探索方向。”陈红说。

06

创意中心：未来城市竞争力

保留城市记忆
与社区延续，
让历史和当下、
新人与旧事相互赋能，
才是盘活存量
资产的关键所在。

"十四五"规划[①]提出发挥中心城市和城市群带动作用，建设现代化都市圈，打造创新平台和新增长极的新型城镇化战略。这也是当今世界城市发展潮流。佛罗里达在《创意阶层的崛起》一书中表示，创意阶层正在从传统的企业社区、工人聚集中心转向创意中心。创意中心将成为我们时代的经济赢家。不仅创意阶层的人们在此高度集中，而且创意经济的成果也在此高度集中，比如说创新和高科技产业的增长。它们还是某个地区活力的鲜明象征，比如增加了地区的就业和人口。

最近几年，中国各个城市发展和竞争的意识也在持续增强，几个商业性的城市排行榜均能保持话题热度。但佛罗里达的研究也表明："创意中心并不是由于传统的经济原因而发展起来的，比如有丰富的自然资源或者交通便利；也不是因为当地政府给商店减税或采取了其他刺激经济的措施。它们的成功发展，很大程度上是因为创意人士想在那里居住。之后，公司接踵而至。在很多情况下，公司也可能是由创意人士建立的。创意中心提供完整的经济体系或者经济栖息地，在那里所有形式的创意，包括文化艺术、经济和科技，

① "十四五"规划的全称为《中华人民共和国国民经济和社会发展第十四个五年规划和2035年远景目标纲要》。

都能够生根发芽，蓬勃发展。”

像德必这样市场化运营的民营创意产业园区运营服务商在全国布局，必然首选创新氛围、创新能力、创新人才最为集聚的地区，其本身的行为模式其实也具有所谓的“创意人士”特点。如果逆向推演，也可以说，德必目前在全国布局了近百家产业园区，服务超过 10 000 家处于不同生长周期的创新企业，已经初具中国创新城市与地区竞争力地图和数据库的雏形，相当于正在打造一份独特的创新型城市榜单。

德必是国内最早提出和践行“城市更新”概念并开始进行系统化研究的企业之一。2009 年，德必成立了国内第一个“城市更新研究院”。2021 年 2 月在深圳证券交易所上市后，德必更提出雄心勃勃的“千园计划”。贾波估计，再有 10 ～ 20 年的发展，在全国产业园区中一定会有 5 ～ 10 家品牌企业，占领 30% ～ 50% 的市场。贾波认为，现在产业园区的市场格局很像当年连锁酒店出现之前的经济型旅店业，当时没有品牌和标准，人们觉得住哪个酒店都差不多。在连锁品牌出现之后，客户发现自己确实有这种标准化需求，业主方也希望找品牌企业进行合作，因为品牌就代表着专业、质量和信用。

贾波认为，任何一个行业都要按终局思维来布局：这个行业 10 年、20 年、30 年后发展到成熟稳定阶段，最终呈现出怎样的情况？德必城市更新研究院得出的结论是，世界各国城市的发展最终都是以城市更新和存量资产的运营、改造为主。而在当时国家产业政策支持下，文化创意企业的服务市场存在很大的成长空间。这两者的结合点就是创意园区——这一终局思维坚定了德必的发展方向。

存量改造：盘活地产市场

2003 年，贾波和陈红来到上海。他们在山西的时候有一家广告公司，到上海后继续经营，业务方向是房地产策划与代理销售。

最初选择事业方向的时候，贾波给自己定过 4 个标准。

- 行业前景。要选择一个刚刚开始，未来至少会持续二三十年、有发展前景的行业；
- 行业规模和影响力。只有进入一个超千亿元规模的市场，未来才有可能做成有百亿元规模的企业；
- 必须是有政策鼓励和支持的产业。不能与国家整体发展方向背道而驰；
- 一定是自己喜欢做的事。没有兴趣也就没有动力，工作会变成受罪。

2009 年，国务院审议通过《文化产业振兴规划》，继钢铁业、汽车业、纺织业等之后，将发展文化产业上升为国家战略，文化创意、数字内容等成为国家重点推进的文化产业。此后，各地的文化创意产业园区开始出现，2012 年，全国园区数量从之前的 500 个增加至 1 457 个。

上海在这方面发展超前，很早就提出要发展创意产业。2006 年，上海德必文化创意产业发展有限公司正式成立，投资运营了第一个文化创意产业园区，比市场爆发早了 6 年。关于这一点，贾波经常说德必是“等风来”，而不是“追风者”。在接受一次采访时，记者要求贾波总结成功秘诀，他首先就归功于德必在别人都没意识到的时候看见了未来的发展趋势。

从 2003 年开始，陈红在日常业务中就已经觉察到市场的变化。上海是一个轻工业城市，20 世纪 90 年代末，大量城市工厂倒闭、停工或者外迁，导致城市中心出现很多闲置资产，所以 2003 年就出现了“都市型产业园”。根据当时的政策法规，把一个破产工厂改造成办公园区严格来说是违法的，因为工厂是工业用地，办公空间属于办公用地，土地使用性质发生了变化。为此，上海在理论上做了创新，提出“生产型服务业”的说法。服务于生产的服务业，本质上还是生产，并且创造了一个名词，叫“2.5 产业”：介于第二产业和第三产业之间的产业。这在当时属于理论突破。在贾波记忆中，至少从 2006 年开始，一直到 2012 年之前，这都是上海市人民代表大会历届会议要讨论的议题。

在创业初期，公司的日常工作是陈红带领团队给人写方案、出楼书、拍片子。当时正是房地产市场开始热起来的时候，有一年陈红做了十几套片子，公司赚了三四百万，可是人也累到崩溃。一条片子送到客户那里没个一二十遍修改根本达不到要求，沟通的过程更加磨人。后来客户时兴到日本、韩国、东南亚或港台地区找广告代言人，不在内地找代言人。导演也是同样的情况。这样干了几年后，陈红觉得真是干不动了，心里也很不踏实。

在这期间，他们找到了老厂房的资源。一些外迁企业找来，希望陈红帮忙把闲置出来的厂房租出去，或者先出个方案，再帮着找人接手。陈红至今还记得，第一次帮人做这种项目是在徐家汇，一个浙江商人接手老厂房并将其改造成酒店，结果酒店生意特别好，非常赚钱。

这件事对两个人的触动都很大。陈红觉得自己带着团队辛辛苦苦做项目也能赚到钱，可是做完了又得找下一个项目，也会遇到青黄不接的情况；别人虽然辛苦一两年才做好一个项目，但是有 10 年或 20 年的收益期。这时候他已经暗下决心，下个项目不做中介了，要自己操盘。

现在，即使是在德必内部，也很少有人了解“徐汇创意阁”这个园区。不像后来的几条产品线，这个项目 2006 年的改造方案是请香港设计师主导的，德必只做代管，用陈红的话来说，自己像个监工。项目负责人也是从外面找了懂工程、懂监理的朋友来做。当然，策划、楼书、招商这些工作还是德必团队自己负责的。以现在对空间产品的理解，陈红对这个项目的评价是“做得不怎么样”，但是“成功得超出我们的想象”。

2006 年春节一过，“徐汇创意阁”项目就开工了，施工总面积为 2 万平方米。“我们当时是第一次做这个，搞得特别复杂，大概花了 3 000 万，浪费了很多钱。因为当时我们什么都不懂，所以设计师说怎么弄我们就怎么弄。”陈红说。到 2006 年 12 月，项目快完工的时候，园区的空间基本上都被租走，没到春节就全部租出去了。本来根据以往代理地产销售的经验，开始陈红还想着有“蓄水期、铺垫期、强销期”这种过程，结果“强销期”还没到就租完了。

“没想到这个市场这么好！当时我们的名字叫得也大，立一块大牌子：‘徐汇创意中心’，大家都觉得有面子。这位香港设计师设计的外立面、门口、走廊都很有设计感，很多设计公司、广告公司闻风而来，在那里排队签约。园区空间的出租价格也远远超出预期。那时候我们决定，就做这个了。”陈红说。

城市历史的延续和传承

20世纪60年代，简·雅各布斯在《美国大城市的死与生》中，激烈反对城市建筑翻新项目。因为这些项目破坏了社区浑然天成的有机形态，摒弃了人行道上熙攘喧闹的生活形态以及种类繁多的交通形式，而用按部就班的秩序取而代之。雅各布斯认为，这样做会扼杀创意互动。

雅各布斯所反对的，是大拆大建"大变样"式的城市翻新。而她主张的"社区浑然天成的有机形态"，其实也是德必在城市更新实践中的重要原则。保留城市记忆与社区延续，让历史和当下、新人与旧事相互赋能，才是盘活存量资产的关键所在。这是在公司第一次主导设计完成一个项目——"德必法华525"之后贾波与陈红的最大感触，甚至可以说由此提升了此后工作的意义。

德必法华525位于长宁区法华镇路525号。法华镇是上海最早出现的集镇，俗话说"先有法华镇，后有上海城"。在上海人眼中，这是一条富有文化气息的街道，法华525街对面的石制牌坊记录着社区的历史：

> 北宋开宝三年（公元970年），李漎泾（法华浜）畔建法华禅寺（今法华镇路525号），寺名"法华"二字取自《妙法莲华经》……寺庙吸引四方香客游人冠盖往来，商贾纷至……明朝中叶，居民日益增多，市集兴盛成镇……法

华镇名取自法华禅寺。

法华禅寺在抗日战争中遭到损毁。1980年，残存的院墙和简陋厢房也被拆除，原址建起上海云花服装厂，法华禅寺的痕迹荡然无存。1998年，云花服装厂亏损停产。2007年底，德必获得厂区的改造和经营权。那时候，德必仍然没有自己的设计师，还要从外面请人制图。“但是所有想法、创意都是我们的。”陈红说，“在上一个项目（徐汇创意阁）中，我们没有什么思路，只能找人问：这里要做创意园区，你看怎么办？”了解法华禅寺的历史之后，陈红认定这件事的机缘完全在于“禅意”，决定沿着这个主题，向新中式园林的方向改造，为此他还专门跑到以新中式风格闻名的苏州博物馆多次观摩。

改造完工后的四进庭院，楼台错落，廊芜回合，增添了艺术气息的公共空间与池鱼、竹林内外掩映，入口处幽静内敛，移步时绿意葱茏。楼体外立面的黑白色调，后来成为德必产品线的标志性颜色。

特别值得一提的是，园区围墙外有两棵古银杏树，比对相关历史记载，位置应该就在古法华寺大雄宝殿之前。法华镇路525号虽然是法华禅寺原址，但原寺面积很大，其中一部分在隔壁的上海交通大学长宁校区。陈红突发奇想，把围墙几处做了通透和镂空处理，让园区仿佛与两株古树仍为一体。“有即是无，无即是有，这个很有意思，既是你的，也不是你的。”陈红说。

在古代，佛教寺庙又被称为“丛林”，其实这并不一定是指佛教寺庙地处山野，“居闹市而有山林气”更多是一种修养和精神追求。陈红最早给园区取名“法华 525 创意树林”，也是在向“丛林”的传统致敬。“当时也没有树，眼前无树，心中有林，我觉得特别好！”陈红说。这种“闹中取静”是后来很多德必园区在设计上想要达成而且用户认可度也相对较高的效果。

园区前部荷溢池上放置的“缘石”，是目前仅存完全属于德必法华 525 的古寺遗物。施工时，工人们从地下挖出一个大石墩子，因为不知道是什么东西且这个石墩子太重，原想破成几块再运出。就在钩机一锤子下去，大石墩子成了两半之后，这个破坏性动作幸运地被叫停了。“要是再来一下，大石墩子肯定就被粉碎了。”陈红至今想起来仍然觉得可惜。破成两块的古大雄宝殿柱基石被重新拼合起来，妥善安置在主楼入口处，作为德必法华 525 这个项目甚至包括德必的历史纪念。

“这个项目做得超级成功，不仅商业很成功，而且取得了预期的文化认同。”陈红说，“空间真的会选择客户，我们一开园吸引来的客户，有 70% 都是国际一流的创意型企业，像广告公司、建筑设计院这类企业都特别喜欢这个地方。”陈红说。

德必法华 525 的成功有相当大的一部分原因是，陈红努力恢复了久已湮灭的社区历史回忆，让源生性的属地文化再一次成为新集聚者的灵感来源。贾波由此认定，通过自己的工作来保存城市记忆、延续心灵传承，是一件“积德”的事。在后来的项目中，发挥项目本身携带的文化附加作用，也成为陈红主导设计方案的重要元素。

写字楼里的“导游”

人们可以从九江路临街的拾分之壹咖啡商店一侧进入德必外滩WE，初次到访这里的人往往会有一种穿越时光的奇妙感觉：经过特别处理的百年红砖墙面上镶嵌着白石原址碑记，一瞥之下不难发现“杜月笙、张啸林”这两个耳熟能详的名字。

不管租驻在几楼，园区的企业对初次来访的重要客人的迎送都比较重视，其中的关键就是：由于办公空间的独特历史底蕴会引发访客的兴趣，他们要在这个过程中担任一种类似导游的角色。

在入口的奠基碑记处回顾完上海滩的风云岁月后，访客会被引导至整个德必外滩 WE 客户们都引以为豪的建筑中庭。在外滩的商业氛围中，在一座 1934 年建成的地标式西式建筑里，出人意料地出现了一座花园式天井小院。当来访者驻足此处，抬头欣赏美丽的垂直花园时，他们会被告知：中庭掀去了房顶，下雨时，雨水真的会落到院子里。不过不用担心，雨水会被收集并沿着设计好的通道流入地下金库，而水在中国文化中代表财富，就像英语中的 liquidity（流动性）。水入金库的格局，暗示着这里强大的聚财能力。

这种通透开放的设计给建筑带来了额外的养护负担：玻璃墙要做特别的防水处理，天井中裸露在外的建筑要防风雨侵蚀，雨水还需要导流——但德必设计师认为这一切工作是值得的。通常，当客户把视线从空中花园转移到地面中间那块玻璃地板之下的交易所金库，尤其是平常只在影视作品中见过的金库保险大门，看见它半开半掩，布满岁月的斑驳时，都不免心生感慨。

对于德必外滩 WE 的客户们来说，"导游"工作为他们与访客提供了共同话题，在初次见面时，就以最有效率的方式拉近了彼此的心理距离，节省了沟通成本。这是建筑、历史与空间设计的完美结合为人们的商务交流所提供的情境支持。

在德必外滩 WE 这座老建筑对公众开放之前的 80 年里，应该只有极少数人见过华商证券交易所金库的真容。不过，今天这里并非只有虚掩的保险柜大门在展示着历史，通向金库的地下函道两侧老红砖上的清晰编号同样也是一种记录。20 世纪 30 年代的技术还不能炼制特型钢材，从设计师们保留下来的钢梁可以看出，它是由多片钢板和很多铆钉铆在一起的。在那个年代，这肯定也是一种创造性解决方案。

吸引服装设计品牌"言而简之"创意总监谭雯这类创意工作者的"工业风"设计，还包括剥去粉皮的水泥墙壁——这是一种流行了很长一段时间的设计语言，尤其在旧厂房改造中应用广泛。都市主义前卫建筑师、《郊区国家》(*Suburan Nation*) 作者安德鲁・杜安伊

（Andres Duany）总是这样告诉客户："把过时的壁纸扯下，但把胶水留在墙上。"出自村上隆门下的日本女艺术家高野绫在回答为什么连居住的地方都选择毛坯水泥墙时说，这一点也许是受安藤忠雄的影响，她喜欢水泥墙的粗糙感，从那个墙面上她可以看出许多不同的形状来。但在德必外滩 WE，这还不是寻常的工业风：老建筑的水泥面也是 80 年前被墙皮覆盖之后随着新园区一起重见天日的；和它们同样古老的还有天井高层在四周打破墙壁之后裸露出的参差断层，从中应该可以看出更多内容。

有些德必园区的墙壁处理成斑驳效果，而不是全水泥面。有一次胡伟国被问到，这些水泥墙上颇有艺术感的斑驳图案是设计师有意凿出来的还是工人们随意干出来的？胡伟国的答案是"共创"：设计师先在现场大致交代一下，工人们就开工。半天之后，工人们已经凿完了，但是凿得很具象，经常是圆和半圆这样的几何图案，这时候就需要指导他们再"随意"地返工一下。

城市更新：老物件里有故事

居住在柏林的艺术家与家具设计师卢西奥·奥里（Lucio Auri）在谈到自己的设计理念时说，"我并非有意循环使用这些材料，我不喜欢浪费，因此对我来说能够为某些不用的材料找到一些全新的应用方式，是一件非常有意义的事……那具有叙事理念或故事的旧物品和旧材料可以带给我灵感"。城市更新从本质上讲，同样是一种循环使用旧材料的过程。在这个过程中，尽可能保留原建筑群形态，也就是在保留老建筑的叙事理念或故事。

上服德必徐家汇 WE 是德必与上海服装集团的合作项目，原址是 1927 年建厂的上海永新雨衣染织厂，改造完成后，设计师们在楼内的设计元素中特别加入了几组缝纫机；“德必老洋行 1913”的前身，最早可以追溯到 1913 年英商“和记洋行”，园区内仍然可以见到当年英租界工部局水龙公所装设的英式消防栓，至今保存完好。那个时期洋行使用的飞利浦变电柜，到德必接手时仍能正常使用，是一个“活古董”般的存在。后来德必在对园区进行改造时，园区经理“依依不舍”，打算为它定制专门的玻璃罩加以保护。

注意看的话，很多园区的地面也有讲究。上服德必徐家汇 WE 的路面上镶嵌着铜色金属条绘制的徐家汇地图，并用文字标出相应位置的上海老地名；南京德必长江 WE 则有一条金属时间线与节点圆盘构成的意大利文艺复兴大事记，这一园区就在江宁织造博物馆对面，后来也加入了中意设计交流中心项目；北京德必天坛 WE 的路面地图，则标注着北京中轴线与天坛的位置关系。

有不少项目，包括杭州东溪德必易园在内，路面铺的石板都是陈红带着设计师从附近山村一块一块淘回来的老物件。在陈红和设计师们的眼里，这里的每一块石头都有它独特的美感和记忆。对于使用者来说，或许只会觉得走在这些老物件上的感觉确实比走在崭新的花岗岩和大理石上要好——一件设计作品，从使用者角度和从设计者角度去看往往是不同的。胡伟国认为，陈红处于两者之间。一方面，德必空间产品的某些特质纯粹是陈红受强烈感性的驱动使然，他始终想在每一个空间作品中多增加一些细节的完美体验，尽量多挖掘和展示出现实命题和历史叙事的丰富联系；另一方面，这也是他自己想要的且在别人作品中感受不到的东西，他希望通过自己的设计得以呈现，为此“死磕”，“切磋琢磨”无非是一个产品经理的痴迷和精诚。

五行通津，要素多元的“屋园”景观

虹口德必运动 LOFT 所在地原来是上海华东电焊机厂。2008 年，在“德必法华 525”之后，德必拿到这个将近 40 000 平方米大项目的经营权。项目最初预算 5 000 万元，确定的融资意向有三四千万元之后，他们就开始施工。动工没几天，2008 年金融危机爆发，原定的出资人全都撤走了。当时德必的账上只有几百万元的现金，情急之下，考虑到这个地块靠近虹口足球场，里面厂房又很高大，陈红就想出了个“运动 LOFT”的概念。

运动风不需要繁复的修饰，陈红在厂区中间将道路铺设成跑道的样子，做好宣传画和概念稿后就开始招商。他把一栋楼的外立面做成攀岩效果，招引攀岩机构入驻；对于厂房里面大的空间，他招引篮球馆、羽毛球馆入驻。靠着这几个创意，项目总算撑下来了并继续施工。

没想到金融危机祸福相倚。这时候，运动产业里面一些规模不小的器材公司的生意也不好做，从甲级写字楼里搬出来，正要寻找便宜又搭调的办公室。“就像这两年的疫情冲击一样，金融危机对我们园区也不是百分之百的负面影响，这种通风透气的开放环境更受一些公司的欢迎。”陈红说。事后算账，一共花了不到2 000万，陈红就完成了园区全部改造并将其租出去了。

虽然后面几年根据运营需要，德必又对园区陆续投入了几千万元资金进行升级，但回过头看，早期在财务窘迫状况下做项目的经历，也倒逼陈红做出了很多具有开创性的创新举动。

在这个被厂房与办公楼充满的厂区，有一块比较低矮的区域，主要是平房和两三层的小楼，包括一个杂物仓库，过去应该属于工厂的后勤与行政部门所有。平房本来也不是商务类型的空间，不要说改造不起，改造了也不知道该租给谁，“白给都没人要”。但是陈红发现这组平房的屋檐形状很别致，门楣的样子也蛮有特点。再仔细了解，原来这一小块地方曾是老上海“浙江同乡会堂”的物业。既然电焊机厂时代都保留下它们，陈红也不想简单地将其夷为平地。

瓦房已经非常破败，陈红就把瓦掀了，把小的椽子去掉，留下大梁和墙体。在断垣残壁之间随形就势，种点花草，做些装置，挖个水池再养上鱼，从门楣处的老井看进去，俨然是一个要素多元的“屋园”景观。考虑到这里最早的商会性质，陈红为这个园子取名叫“五行通津”。据说，这也是他后面几次大的项目改造中用到的“掀房顶”手法的第一次尝试，由此他积累了经验和信心。

陈万里说，虽然商务空间由于服务对象的特点，一向注意风水布局，但通常设计只顾及四方，而德必特别重视“上方”通道、“五方来财”，这就是陈红取“五行通津”一名的用意。

如果初来乍到，人们会发现“五行通津”屋园在这个充满工业风与运动元素的园区内是非常文艺的存在，透出一种令人惊喜的反差效果。中午休息时间，很多人喜欢在这里逗留、休息，会员社群中心也在这里办公，旁边还开设了具有强社交功能设计的专业咖啡馆和其他休闲空间，这片原来“白给都没人要”的地方实际上已成为园区的“中央公园”。

屋园区域一楼有一家面积不大的“半水山房”，山房主人金清华既是设计师，也兼营茶会雅集策划，据说还在和同道中人一起推动“（上海）明清文人瀹茶法”的非物质文化遗产申报。当初他经人推荐找到这里，刚走进来觉得和一般工厂改造的园区也差不多，结果走到园子这里观感立刻就不同了。金清华日常还教授书法、古琴和尺八，如果在风和日丽的日子有朋友来访，他就抱着乐器，在园区街边设个茶席，操琴弄管，吸引路过的公司员工纷纷驻足。有上前问询的，就拉进来一起体验，为这个“厂房博物馆”平添一番风雅。

对于屋园旁边的一个长条形仓库，当时大家不知道怎么处理，社群中心干脆就把它当作杂物间来使用。上海有一个在当地品牌影响力相当于北京德云社的喜剧团体“品欢相声”，是虹口德必运动LOFT的客户。疫情期间，品欢相声作为演出企业尤其困难，向园区提出退租时，园区总经理忽然想到了这个仓库——面积更大一点，也能搭建现在办公楼里无法实现的小舞台，更不用担心排练影响邻居，只需要多开几个窗户就行，于是建议品欢相声置换办公室，同时在租金和押金方面给予优惠。结果两全其美，皆大欢喜。因为园区总经理仇祯与品欢相声负责人同为虹口区政协委员，政协媒体还把这里当作社会各界通过政协平台联合抗疫、共渡难关的典范予以表扬。

至此，虹口德必运动 LOFT 原址华东电焊机厂内这一小块老上海“浙江同乡会堂”的遗留物业，算是没有浪费任何“旧材料”与“叙事理念或故事”，全部找到了新的应用方式，并为后续项目提供了灵感。

上海交通大学建筑文化遗产保护国际研究中心主任曹永康教授在 2019 年发表的论文《近十年上海市工业遗产保护情况初探》中，把虹口德必运动 LOFT 作为上海对工业遗产改造再利用“由传统单体保护的模式，向工业遗产的‘大遗址保护’转变”的成功范例。[①] 曹永康认为它不仅延续了整体的工业记忆价值，而且注重与当地社区的融洽度，在提供产业办公的同时，也提升了当地社区的整体活力。

① 曹永康，竺迪. 近十年上海市工业遗产保护情况初探［J］. 工业建筑，2019，49（7）：16-23.

在虹口德必运动LOFT一栋办公楼的外立面上，有一大块电焊机厂登记和发布考勤情况的水泥墙报，划线表格内各车间、单位与月份、日期分明排列，位置比较高，当年应该是爬着梯子上去写的，便于全厂工人和干部观摩。改造的时候，陈红让人对墙报和上面的内容做了防护处理，将一个时代的气息长久地保存在这片创意空间内。

这是德必在老厂房改造中经常采用的手法，通过保留纪念元素来保存历史记忆。

归去凤池，向传统景观致敬

2008年，陈红在“五行通津”屋园改造中经过验证的创意手法——打通空间与营造室内花园，在后面的多个项目中不断打磨、改进，到2015年有了一种“集大成”的气象，且非常密集地应用在3个园区：德必外滩WE大堂顶部古董钢梁上的空中花园；七宝德必易园已经发展为从中庭鱼池逐层向上、与楼顶花园连为一体的垂直生态体系，每个楼层朝向天井一面的玻璃幕墙外部，四周房檐上全都是一副花草滋茂的景象；东溪德必易园的规模与手笔更大，经常被非正式地描述为以“西湖八景”为蓝本的“杭州东站垂直森林”。

东溪德必易园这个改造项目本身并没有厚重的历史积淀，原本规划中的购物中心根本就没能实现。颜术通过在中庭花园营造景观，向杭州传统景点致敬的方式，来建立园区与城市人文传统的联系，比如“东溪”“满陇桂雨”“平湖秋月”。其中用意最深的，还得数“凤池会务中心”。

在东溪德必易园的改造中，最让颜术眼前一黑的就是为主楼酒店配套规划的一个大游泳池。填平它倒是没有技术难度，但对设计师来说很有挫败感。当时他和陈红在杭州城里逛，在一个地方看到古代的吴越地形图——杭州古代是吴越之地，颜术就将其买回来，准备在设计中当作素材。一番苦思冥想之后，颜术选用窄条玻璃，在泳池内尽量切合边缘，一条一条竖立着向上“拉丝”般地拼接，最后围成一个通透空间，在室外泳池边缘的空隙种上花草。

这次房屋上方倒是没开“脑洞”，而是用轻型材料覆盖起来。园区高层的客户，可以看到装饰成草坪效果的屋顶。屋顶形状，也就是这座玻璃房子的横切面，正是春秋时期的吴越地形图。房间内可以方便地区隔、组合，同时满足几种不同形式的需要，也能容纳较大型的活动。吴越地形图的形状像一只展翅飞翔的大鸟，这个位置本来又是泳池，因此命名为“凤池会务中心”，寓意“筑巢引凤”。“凤池”一词，引自宋代词人柳永歌咏杭州的作品《望海潮·东南形胜》：

重湖叠巘清嘉。有三秋桂子，十里荷花。羌管弄晴，菱歌泛夜，嬉嬉钓叟莲娃。千骑拥高牙。乘醉听箫鼓，吟赏烟霞。异日图将好景，归去凤池夸。

当时联合办公的概念非常流行，这个会务中心也就被设定为园区的社群活动空间。

流程再造：避免过度设计

创新学研究者克莱顿·克里斯坦森注意到一种非常灵活的组织观点，“把组织看成许多流程的组合，每个流程都是一连串的子程序，有些子程序是特制的，有些子程序则直接采用模块的方式完美地匹配用户想要完成的任务”。他认为，“这种模块化的内部流程结构，跟程序设计师所谓的‘子程序’很相像。重复的功能（如基本运算和三角函数）可以写成子程序，不同的流程需要利用到这些子程序时，就直接把那段复制粘贴上。在程序设计中，这个功能非常重要”。

据胡伟国介绍，陈红在空间设计流程中也一向注重“标准化、模块化、组合化”设计体系的建立。多年来，德必通过定义时间轴的模式寻找客户在园区全生命周期的空间场景解决方案，逐渐积累、形成了一套对应不同场景的标准模块库。虽然不同园区改造前的基础不同，定制设计也各有变化与特点，但基于场景定义的诉求是相通的，比如说特定场景要具备多少功能、情感或者社会元素，采用不同的处理方式是因为它们的组合、表达方式也有所不同。设计模块比较成熟之后，德必文化创意设计院在接到一个案子的时候，就可以非常快捷地使用模块进行基本搭建。模块化设计体系作为一种独特的方法论，还可以指引未来园区产品的创新与持续迭代。

2022 年春节刚过，陈万里手中已经有 7 个设计方案在同时进行。“后面还有项目不断要上，照这个势头，今年的项目会超过 20 个。”陈万里说。

颜术结合自身的职业经历，认为德必设计的特点是“短平快”。2021 年，颜术经手的大小项目有 27 个——对于这种工作强度，如果没有成熟的模块库，设计师完全无法应对。“一般设计师做一个方案的正常进度，大概需要 3 ～ 4 天，我们最快的时候一个半小时就能把平面图做好，再由下面各个环节的设计师进一步完善。这样就可以同时满足多个案子的设计需求。”颜术说。园区数量不仅形成了德必的平台优势，而且形成了设计优势——这种优势就表现为以模块库为基础的标准化、组合化设计流程。在德必的空间服务流程中，十大增值服务同样具有场景模块的特色。甚至外包的保安、保洁工作人员，也需要经过场景式的流程培训才能上岗。

将基于产品理解的竞争优势固化于流程模块的实质，其实就是在公司工作的每个环节、每个员工的个人流程中贯彻“指挥官意图”。克里斯坦森认为，“当‘用户目标’在组织里得以发声，能够影响决策时，个人的工作流程就有了意义，员工也会了解为什么他们的工作很重要。被明确表达的用户目标，就像某种‘指挥官意图’，不再需要事必躬亲，因为各阶层的员工都很有动力，都了解如何将他们的工作融入更大的流程中，以帮助用户完成任务”。《基业长青》（*Built to Last*）一书的作者、管理学家吉姆·柯林斯（Jim Collins）则把卓越公司这种“训练有素的行为”比喻为“建造时钟，而不是一味报时”。每个岗位各自拥有精确的时钟，不需要领导人不停地为所有人“报时”。

2018—2019 年，德必在公司内部确立了“学华为”的管理战略，2020

年又将其上升为“只学华为”的流程再造行动，动员了公司全体员工。华为的核心竞争力来自对关键技术的研发和快速迭代，这差不多已经成为所有人的共识。对德必来说，这一产品技术研发部门就是德必文化创意设计院。

从德必早期的项目“德必法华 525”开始至今，除了中间有 2 个项目是按约定由德必和外部设计师合作之外，其余近百个项目全部由德必自己的设计团队主导完成。德必空间产品萃炼了不同阶段公司对城市更新与行业生态的理解，其功能架构和底层逻辑，为后续的虚拟智能平台与增值服务体系提供了思维范式、共情基础和灵感源泉，在“德必现象”中是最核心、最亮眼的存在。

那么，为什么还要流程再造呢？让我们回到企业管理的本质来思考。2001 年出版的《从优秀到卓越》(*Good to Great*) 被柯林斯视为《基业长青》的“前篇”。他认为，定义一家卓越公司持久品质的核心理念，是一个组织从“训练有素的人”到“训练有素的思想”乃至“训练有素的行为”的结果。“训练有素的行为”也是克里斯坦森在《与运气竞争》(*Competing against Luck*) 中所说的“固化在流程中的优势”。克里斯坦森认为，竞争优势的建立不仅源于了解客户想要完成的任务，也源于开发客户想从购买与使用产品中获得的体验；同时，公司必须建立内部流程，确保客户每次都能获得这些体验，这才是竞争对手难以复制的竞争优势。“一般来说，资源可以替代，可以买卖；产品往往能够被轻易复制。但公司为了提供用户目标而整合流程时，可以营造出完美的用户体验，从而获得竞争优势。流程是无形的，但流程的结果并不是无形的。”克里斯坦森说。

德必流程再造的目标也正在此。其中一项几乎涉及公司所有人的行动就是，公司总部员工都要到园区兼职，以后公司内部晋升必须考察员工一线服务的资历和表现——贾波称之为“之字形发展”，即通过在一线服务增进每一个员工对公司核心理念的理解，实现流程的“醇化”。

贾波经常提醒设计部门注意过度设计的问题，这源于他重视客户使用德必的空间产品和服务的反馈信息。以杭州东溪德必易园为例，为了增加内部空间的多元活力，颜术对各楼层电梯间进行了装饰，有一层用墙上浮雕的树枝图案包围着电梯门，还有一层在电梯门外面镶嵌了一排书架。这种效果图上的美观和社交需要的表达，在使用中却给基本功能的识别形成了困扰，尤其是电梯门外的书架。园区运营人员反馈说，经常有客户站在电梯门前，还在四处打听电梯的位置。

过度设计，基本上都是较高层次的表达手法妨碍了基础功能的问题，表现在产品评价上，就是设计角度与使用角度的错位。从本质上说，这是一个沟通和换位思考的问题，很容易通过内部流程再造和员工的“之字形发展”来解决。

其实所谓的设计过度，大多也只是在具体的场景中“过度”，不是设计手法本身没有创新价值。颜术在东溪德必易园之后，没有再沿用类似电梯间书架的尝试，但两年之后，大堂内一个 10 米高的创意书谷，成为德必虹桥绿谷 WE 引以为豪的标志景观。

比较复杂的是另一种情况，设计方案本身并没有设计过度的问题，而是德必空间产品的两个逻辑层面——场景定义与共创价值之间发生了冲突。这种情况没有简单的对与错，设计师只能权衡其中利弊。如果被迫要在二者之中进行选择，后者作为一种带有企业核心价值观色彩的产品逻辑，往往值得占有更大权重。何况在实际操作中，通常也只是前者某一模块的运用与后者更大的流程有所出入。

激活消极空间

2020年11月，德必上市前3个月，在公司“之字形发展”策略部署下，袁祺正式兼任嘉加德必易园园区总经理。此前，作为德必品牌总监，他已经开始和同事们一起构想将“国际社群节”升级为“外滩创客大会”，在2021年6月份开始紧张筹备之前，他把大部分精力放在了嘉加德必易园上。

2019年1月1日开园的嘉加德必易园，位于上海嘉定区北环城路2390号，这里原来是嘉定机械厂，一个被嘉定人称为“水门汀”的地方。“我们从来没有做过这么偏远的园区，这是目前唯一一个。”袁祺说自己刚去的时候压力很大。他从没做过一线业务工作，不光在德必没有做过，在以前的职业生涯中也没有做过。他是记者出身，离开媒体行业之后，一直在做与品牌宣传相关的工作。从上海核心区到嘉加德必易园，约100公里，这还是小事，关键它是德必所有园区中最不成熟的一个——根据德必的标准，一个新园区出租率达到80%之后，才能由招商部门交给园区运营部门来管理；在首次实现满租之后，才能按照成熟园区的标准，进入德必的考核序列。“外滩创客大会”举行的前一个月，嘉加德必易园的出租率才刚刚达到84.5%。所以，袁祺到这里兼职，不光是“流程再造”，还肩负着提振园区运营的任务。

嘉加德必易园刚落成时，最大亮点是在入口四五百平方米大小的广场处设计了带有现代主义风格的大型装置——阿凡达云森林，这一灵感来自电影《阿凡达》中的“生命之树”。装置由一组组白色钢管组成，植入地下的支架犹如根基，悬垂空中的钢管就像枝条；树顶布满智能灯控，白色灯管搭成云朵矩阵，细小灯饰装扮繁星点点。在这个最初定位为“人工智能产业园”的园区里，阿凡达云森林称得上是“景观与科技智能完美结合”的一件设计作品。

这是德必设计师常用的手法。“阿凡达云森林”在场景定义中属于“焦虑过滤器”的一部分，在空间布局上也起到一个“软区隔”的作用。德必在上海的园区大多位于繁华地段，首选当地核心位置，广受好评也多因其有“闹中取静”的效果。陈红反对实体围墙或者工业化的围墙加铁栏，在他主导的第一个项目“德必法华525”中，北围墙就被做了镂空处理。后面的项目中，有时候围墙拆掉后种上一排树，既能区隔，又显通透，比如德必川报易园。德必岳麓WE，是一座独栋建筑，陈红就把楼与路边的空间营造成森林的效果，边缘行道树相当于园区心理上的边界。相比上述手法，嘉加德必易园的“阿凡达云森林”其实是又一个创举，富于后现代风格的视觉之美，其效果图就能让人眼前一亮。

一直以来，德必内部不时会围绕一个设计环节进行讨论：为了提升园区观感，是否可以适当引入有标志作用的艺术作品？但陈红特别反对那些逻辑上不相融洽、与园区用户日常也不发生互动而又昂贵的摆设。这样说起来，"阿凡达云森林"则是针对这一问题最圆满的一个解决方案，由德必自己设计，在产品逻辑上也与园区浑然一体。

但袁祺到这里兼职后的感受却是：过于一体了！嘉加德必易园附近没有商业区，不像市中心园区那样周围有成规模的创业人群，更没有企业排队入驻的需求，遍布周围的是居民住宅和中小学。在这样一个一点都不"闹"的环境中，德必传统的设计手法反而让园区门庭冷落。艺术装置固然引人注目，但仿佛只是为了把社区居民拦在外面，既没有亲和力，又不能把人吸引进来，也就没有商业流量。嘉加德必易园本身有不少企业是做青少年素质教育培训的，很需要把周边的居民、孩子吸引过来。

在亚马逊公司的流程设计中，针对员工个人工作流程有一项非常特别的制度，叫作"想做就做奖"（Just Do It），奖品是一只旧耐克鞋，由亚马逊创始人杰夫·贝佐斯（Jeff Bezos）亲自颁发，以鼓励一段时间内为了亚马逊的整体利益而做出更多贡献的员工。这项制度的实质是分布式决策，在一个流程优势非常明显的公司，员工自主创新、做出以用户目标为导向的决策，就是对克里斯坦森所说的"指挥官意图"更彻底的贯彻。

“我就干过这种事。”上任不久，袁祺把“阿凡达云森林”给拆了。在改造过程中，碰撞是难免的，还“拍了桌子”。袁祺说：“在德必，大家找老板拍桌子或争吵是常有的事。拍桌子不是目的，目的是解决问题。”

拆掉“阿凡达云森林”后，嘉加德必易园门口的小广场被改造成了社区青少年运动公园。袁祺通过在上海体育学院当教授的同学，引入了这个智能化社区青少年运动中心的项目，这个项目不仅能够智能化检测每天来运动的孩子的运动指数，并且会定期形成分析报告，这对街道工作也很有帮助。

但是这个项目的建设成本比较高，因为要符合项目标准，其施工条件、铺设材料乃至工艺，都有严格规定。标准高意味着成本高，还要另招符合要求的供应商，这给公司负责供应链的部门也出了难题。最终这个综合了诸多“嫌疑”的项目，由袁祺一一签字声明负责，最后终于落地。

现在每天有很多家长带着孩子，在嘉加德必易园门口的广场游玩，街道和学校也有定期组织的活动，给园区带来了可观的青少年流量，也吸引了不少新的客户。袁祺介绍说，项目后续还会和附近学校合作，嘉加德必易园作为周边中小学生日常体育锻炼的场所，会使用智能应用 App 进行监测考核。以此为由，袁祺申请了嘉定区的扶持资金，一定程度上算是抵扣掉为此投入的成本。袁祺希望这个小广场未来可以引领国家青少年社区运动场地标准，成功后可以复制到其他的德必空间。

除了运动场，袁祺还为嘉加德必易园招来一家餐厅。这个偏僻的园区过去没有吃饭的地方，现在有 120 个餐位，针对园区企业和社区人群做运营。虽然园区尚未满租，但餐厅也不是随便找个空地，而是选在了园区最核心、最好出租的位置，以优惠条件引进，这当然又顶住了不小的压力。这不是一般的餐厅，而是一个机器人主题餐厅。在袁祺的规划中，接下来，人工智能体验馆、智能体育场、机器人主题餐厅会共同针对社区人群特点进行盘活、引流、运营。

与社区的互动多了之后，袁祺又和中国家装行业协会一起筹划了一个家装产业的线下数字营销基地，他们不仅在园区内设置直播间，还会布置不同主题的展示空间。一方面，嘉加德必易园周围的居民小区非常多，本身就有一定的家装需求；另一方面，数字营销主要是做线上，不会受到区位影响，比起市内寸土寸金的位置反而有着成本上的优势。2022 年 1 月 10 日，这一国内首个定位于社区沉浸式未来生活体验馆的“为城数字营销基地”在嘉加德必易园正式揭牌，圣象集团、金牌橱柜、慕思床垫、海尔家居、安居客、网易家居、字节跳动、慧聪网等 30 多家企业作为品牌合作方代表参加了揭牌仪式，后续它们将持续加入该基地的联合运营中。

由于这一系列举措都是占用、调换了最利于出租的核心位置，所以到袁祺兼职快满一年的时候，园区出租率并没有很大的提升，但业态配比已经发生了显著变化。这种在中心区域通过运营和招商营造热度，以激活消极空间的思路，其实和陈红打造中庭花园的做法有一些相似之处。而且，以运动元素为园区“暖身”的做法，也容易让人联想到同属德必上海城市一公司的虹口德必运动LOFT。据虹口园区总经理仇祯介绍，虽然当时这个国内唯一运动主题的园区在2008年全球金融危机的背景下表现优异，但是前期经营还是比较艰难。直到附近的大型商业综合体“虹口龙之梦”开业，给园区起到了引流作用，这个地段和园区才真正成熟和热闹起来。

万亿市场：城市更新还有巨大空间

德必创业初期第一个项目的成功，就让贾波和陈红断定，中国在房地产行业高潮之后必然迎来存量时代。贾波经常说，今天德必的成就，即是源于这一提前预判。

现在看来，地产存量改造的市场规模确实极为可观。贾波算过一笔账，中国目前有上万家文创园区和写字楼，总租赁面积约30亿平方米，如果按照每平方米每天收费一元简单估算，一年就有超万亿的价值产出，何况大城市租金远不止一元。再加上物业管理等费用，市场规模更大。直观地比较一下，到2020年底，整个中国的产业地产公司包括增值服务、基础服务，即房地产开发、出租和金融投资，三块业务加起来一共也就4.6万亿元的规模。

但就目前而言，在地产存量市场改造这一赛道上，还没有一家企业的产值规模超过0.1%——这是一个极度分散的行业。作为业内唯一一家上市企业，到 2021 年底，德必运营和即将投入运营的文创园区、科创园区已近 70 家。这个数量如果与同一赛道的国有企业相比，差距仍然很大，例如上海电气集团旗下就有上百家园区。但在以市场化运作的民营资本中，德必已经是绝对的产业龙头。上海有一家民营创意园区品牌，差不多和德必同一时期起步，成名更早，现在只有五六个园区。考虑到德必园区在全国乃至全球的布局与业态创新，就是面对国有企业，德必也不遑多让。贾波的愿景是，在 10 ～ 15 年里，德必通过收购、兼并、合资、参股或者控股等形式，使园区的市场占有率达到 1%。“1% 就是 3 000 万平方米，按照每平方米每天 2 元的租金价格，一天就有 6 000 万元的营业额。我们在这个服务领域还有很大的发展空间。”贾波说。

2019 年，商业地产咨询商世邦魏理仕发布的报告就已经显示，由于城市更新速度加快，上海写字楼市场出现了过剩趋势，空置率同比上升了 4.2% ～ 19.4%。到 2020 年，疫情来势汹汹，企业经营受到冲击，员工基本上都居家办公，中国一二线城市写字楼空置率进一步上升。仲量联行发布的《2021 年第二季度上海房地产市场回顾与 2022 年展望》显示，连上海产业园区的总体空置率也达到了 13.6%。

德必在 2021 年半年报中披露的数据，远好于它在办公空间市场中遇到的各类竞争对手：它的园区整体空置率仅为 5% 左右，2021 年上半年德必的成熟园区在行业内率先实现恢复性增长。截至 2021 年 8 月，成熟园区平均出租率达到 95%，同比提升 8%。其中 23 个园区的出租率达到 95% 以上，9 个园区的出租率达到 100%。

“德必在办公空间市场的优势有两个，一个是独有的空间产品，另一个就是与之紧密相连的服务和运营。”徐吉平说，“我们的产品和服务形成了一个闭环，从空间的构建到后续的维护和运营服务，都是德必自己在做。因此，我们懂产品也懂客户，而且是真心地为客户的良好体验与健康发展付出努力。”

正像她说的那样，在克服了疫情影响之后，德必各个园区都开始通过招商来调整租客结构，并凭借出色的运营服务逐渐恢复了活力。到 2021 年年中，德必虹桥绿谷 WE、天杉德必易园、大宁德必易园、德必老洋行 1913、上服德必徐家汇 WE 这样的成熟园区的出租率都接近 100%。德必在其他城市，如南京、苏州、北京、长沙和杭州等地开拓的园区的出租率也稳步回升。

良好的客户体验会让办公空间这一产品的生命力更加顽强，这是毋庸置疑的。德必所有的园区的总经理和团队都会说，他们每天绝大部分时间都花在关照和处理好能让客户在园区中“待着很舒服”的细节上，这些工作通常都是突发和琐碎的，“都不是什么大事儿”。然而，正是对烦琐细节的重视，对闭环服务的坚持，让这些微小的服务场景积累起来，最终形成了客户对德必品牌的依赖与信任。

贾波常说，他成立德必，一半是情怀，一半是生意。“力争第一”，对他来说就是一种具有先决意义的情怀。既然上升到情怀，就不是简单的排名争胜。在不同行业做到最好，意味的实际成就和工作意义是不同的。有的行业冠军，全部价值仅止于使之夺冠的那个数字，虽然也可能极为可观，但相比之下，有的行业则具有放大效应。比如，全国办公空间市场至少是个万亿级市场。但据中商产业研究院和东方证券在2020年发布的报告显示，中国GDP的四分之一来自产业园区经济，产业园区已经成为经济发展的重要载体。所以办公空间这个万亿级市场，影响所及，远不止万亿。万亿是生意，远不止万亿的是价值和情怀。

在城市中点亮创意的灯火

上服德必徐家汇WE朝向文定路临街一面的楼体，改造前基本上是封闭的，负责设计工作的胡伟国把外墙打开，在每层外立面上预留了“玻璃盒子”，鼓励入驻企业客户按照自己的想法去布置，让里面的企业生态向市民空间全部开放。创意公司的作息时间并不固定，又都对橱窗和空间设计有自己的想法，晚上大家开灯之后，配合边缘楼梯间的炫彩灯光效果，整个楼面呈现出一种“万家灯火”的景观。

这种通透的设计语言背后，是胡伟国对城市更新的独到想法。在他看来，与其争相创建地标作品（城市里已经充满了这些东西），不如呈现商业尤其是创意公司本身丰富而充满活力的一面。公司生态存在于城市之中，又与城市日常生活相隔离。胡伟国想打破界限，让它们对话，彼此支持，在生态多样化的前提下和谐共生，创造出新的繁荣秩序——这种通透的空间作品，正是现代城市所缺少的。

何以聚才：城市竞争就是人才竞争

根据流行的创意阶层理论所讲的顺序，先是由一个区域创新平台培育出信息与灵感交换便捷而充分的液态网络，进而形成一个地区的创意资本，最终提升整个城市的竞争活力。但在实际操作中，这个顺序也不妨从创新平台充分适应、开发社区的优势和资源开始，毕竟上述理论还有另一项重要研究课题，即创意工作者何以在某一特定区域聚集?

不管遵从哪一种秩序，一个成功的创意园区与所在城市的关系模式必然会向同频共振的趋势发展。从园区运营服务商的角度看这个过程：被动，就是“运气”；主动，就是实现公司使命。

创意工作者的聚集总是会带来爆发性的创意产出和城市竞争力的提升，“创意工作者何以聚集”也因此成为创意阶层理论一直着力探究的课题。时至今日，关心这一课题的早已不限于学界，更不限于国外。2006 年，贾波和陈红以“德不孤，必有邻”来命名一家创意园区运营服务商，现在看来，这种做法已是对这一课题的前定的答复。

说到“邻”，有一段时间，媒体上流传一个与权力边界相关的理论词汇——NIMBY（Not in my backyard），国内将其翻译为“邻避主义”，是音译与意译的巧妙结合。而创意阶层的偏好与此相反，妥妥地是一群构建“共享后院”并以此为空间基础的“邻聚主义”。入驻上服徐家汇德必 WE 的建筑设计公司 KCC 在装修自家办公室时，把楼层电梯门打开后正对着的公共区域的墙也一并设计和装饰了，同楼层的其他公司都觉得挺好。为了配合这种“越界”

行为，德必还特意调整了周围原有的共享设施，以更好体现其设计风格的完整性。

创意工作者何以聚集？子曰："德不孤，必有邻。"何谓德必？德必之"德"，就是"空间环境的人性关怀"；德必之"必"，也就是由这一理念不断激发的共创共享。德必空间的创新过程显示，创意工作者就是通过德必设计门槛的过滤，在层层演进的传导与共振中聚集壮大起来的。常年接近满租的园区和在国内的快速布局则表明：这一包含了创意培育与创意产出之间交互过程的网络系统目前运转良好。

建设人才通道：上海—全国—世界

德必走出上海始于 2016 年，它在杭州东站商务区建设的东溪德必易园开启了国内市场的布局。此后，在北京、杭州、南京、苏州、成都、长沙、西安、合肥、深圳、武汉、徐州以及美国硅谷，意大利佛罗伦萨、米兰等城市（区），德必均有布局。2020 年，按地区分类，德必在上海地区的收入贡献占比仍然超过 70%。2021 年，德必的布局速度明显加快，全国新一线和二线城市中，新开和即将开业的德必园区超过了 10 家。

目前，德必在国内处于从"上海平台"向"全国平台"加速升级的阶段。早先有一家业内领先的客户关系管理（CRM）企业就曾经提出："全国子公司的办公场所是否可以全部委托德必？"能否常年维持满租和接近满租状态以及客户对德必园区的忠诚度，是衡量空间产品质量的重要标准。入驻德必园区的企业客户“莫洛尼”（MOLONEY）是一家专业提供壁炉设计、生产、销售、物流、安装、售后维修保养及其他增值服务的公司，旗下拥有欧洲七大顶级壁炉产品，是诸多国际顶尖壁炉品牌的中国区唯一总代理。这家公司在上海徐汇德必易园、杭州东溪德必易园、苏州德必姑苏 WE 都打造了壁炉文化实景体验店，因为壁炉使用起来对周边环境要求很高，非常讲究调性。莫洛尼创始人王运宝说，以后在各地新设子公司时，只要有德必园区的地方，就只选德必。

贾波说，德必的国内布局不是渠道下沉，而是客户需要，所以会优先考虑现有客户的业务发展需求与区域产业政策的最佳组合，珠三角、长三角二线城市会是未来一段时期关注的重点地区：“苏州虽然不是省会城市，但经济十分发达，近年国家提出高质量发展以后，苏州在抓制造业的同时，也提出要大力发展设计产业，包括创意产业、旅游产业等。这对德必来说是一个重大机遇，在苏州原有园区基础上，接下来会扩大规模发展。”类似苏州这样的新一线城市和强二线城市，德必会迅速进入。接下来，像宁波、南昌这样的城市，政府都非常鼓励文化创意产业的发展，在得到当地政府大力支持的情况下，德必也会逐步进入。

针对全国乃至海外市场拓展的需要，德必不断完善旗下产业园区的品牌产品线。以命名区分来看，易园系列大多从旧厂房、古旧建筑改造而来，追求简约、素雅、隐逸的风格，为创意型企业提供园林式舒适的办公体验；“WE”则是英文“WEST”与“EAST”的首字母缩写，“WE”系列设计风格融汇中西风格，意在成为国内外文创、科创领军型企业间资源共享、行业交流、国际对接的发展平台。此外，德必产品线还有以“运动办公，健康工作”为理念的“德必运动 LOFT”，以及精装、全配、可以拎包入驻的“德必 SPACE”。

继文化创意产业之后，2015 年，上海提出打造中国领先的科创中心，德必由此也加大了对科技、科创企业的招商力度。2016 年 6 月，德必首个海外科创产业园德必硅谷 WE 正式落地。而如果把文创园区和科创园区放在一起来算，德必硅谷 WE 其实已经是德必第二个海外项目了。德必进军海外市场的第一站，是意大利佛罗伦萨。

中欧直通一站式服务

2012 年 11 月 10 日，佛罗伦萨市政府与联合国教科文组织“创意城市”（上海）推进工作办公室在佛罗伦萨市政厅，签署了上海与佛罗伦萨关于推进“上海—佛罗伦萨中意设计交流中心”项目建设工作的协议。2014 年 3 月，德必佛罗伦萨 WE 正式开园运营。该基地位于佛罗伦萨市坡形公园内一栋有 400 多年历史的老建筑——当地历史上久负盛名的施特洛奇家族庄园别墅，德必是负责运营佛罗伦萨基地的唯一中方机构，这也是中国企业运营的第一个海外创意园区。

在运营上，德必为入驻企业提供了包括海外研发、设计推广、海外注册、专利申请等服务在内的一站式服务，由此也为中国企业打通了进入欧洲市场的通道，搭建了一个产业交流和商务对接的平台。不仅如此，以中意设计交流中心作为载体，德必还携手佛罗伦萨施特洛奇基金会、上海服装协会、上海时尚协会、佛罗伦萨华人艺术家协会等机构，特别为中欧两国的设计时尚领域开拓了一个优质的B2B合作平台。也正是在那个时候，德必投资了博埃里的事务所，并与其合作在中国发展业务。

德必佛罗伦萨WE在运营的最初3年，就协助30余家中方企业在其中设立工作室或办事机构，近20家意方企业入驻上海基地——德必外滩WE，成为中国企业“走出去”，欧洲企业“引进来”的桥头堡，也是文化创意产业响应国家“一带一路”倡议的一个亮点项目。

“国际化的双向服务”运营模式

相比文创产业园，科创产业园更要优先考虑与产业、技术前沿的对接，所以德必在海外的布局甚至要早于国内科创园区的建设。德必硅谷WE位于美国加利福尼亚州纽瓦克市的中央大道上，由两栋一层建筑组成，与谷歌只有一桥之隔。园区周边还有苹果、Instagram、Dropbox、领英等著名科技公司的总部。

德必在全球科技创新领军企业最为集聚的硅谷建立产业园区，同样致力于打造中美人才、技术、创新、资本对接平台，双方各取所需，实现双赢，并把这种园区运营进军海外的创新模式，确立为“国际化的双向服务”“双核驱动的全球发展战略”。

作为一个成因复杂的常识性现象，中国人在硅谷存在着职业上的隐形天花板，这就导致很多有想法的优秀人才到一定阶段必然会另寻出路。硅谷地区每年从大公司里面出来的小团队很多，经常 3～5 个人一起租个办公室开始创业，这其中不乏中国人。还有一些中国学生并不想进大公司，一毕业就开始创业。近年来，国内很多地方政府领导到硅谷招商引资，介绍国内的政策，对这些人才有着很大的吸引力。

硅谷是世界领先的科技发源地和投资平台，但全球最大的制造业基地和消费市场都在中国。近年的现象是，在硅谷创业的中国人，只要把模型做出来，到了需要量产的阶段，都会往国内跑。

德必的海外项目在国内都有对应的园区作为对接。中意设计交流中心项目，原本就要求双方各设基地，当时国内对应的是 2015 年发布的德必外滩 WE，这也是“德必 WE”系列的开山之作和旗舰店，内装由博埃里操刀，最亮眼的中庭改造则是由陈红主导。后来北京德必光明 WE、南京德必长江 WE、长沙德必岳麓 WE、合肥德必庐阳 WE 等园区也加入了中意设计交流合作项目。

“德必—硅谷科技时尚创新中心”在国内的第一个对接平台是位于上海虹桥商务区的德必虹桥绿谷 WE，于德必硅谷 WE 开园的第二年发布。2016 年，5 个斯坦福大学的博士毕业后在德必硅谷 WE 创立了非夕科技。2020 年，他们在德必虹桥绿谷 WE 6 层设立了中国总部。毫厘科技是做人工智能水务监测的，创始人从卡耐基—梅隆大学毕业后回国创业，也入驻在这里。

如果不受疫情的影响，德必在美国的第二个项目应该早在2020年就落地了。据贾波介绍，除美国纽约之外，他们在疫情前进行考察、计划设立海外园区的全球国际化城市，还包括英国伦敦、以色列特拉维夫、法国巴黎、德国慕尼黑、日本东京、澳大利亚墨尔本等。

2021年2月10号，德必在深圳证券交易所敲钟上市，成为“商务服务业”这个行业类别下唯一一家上市公司。这时，距离贾波和陈红打造的第一个文化创意园区火爆大卖，正好是15个年头。

结 语

同频共振的涟漪

结 语 同频共振的涟漪

史蒂文·约翰逊在研究理想的工作环境时，提到美国麻省理工学院有一栋造型奇特、看上去摇摇欲坠的临时建筑——20 号楼。这栋建筑与麻省理工学院严谨的学术氛围格格不入，是 1942 年为满足战争需求匆匆搭建的。因为是临时建筑，20 号楼似乎被设计得“漫不经心”，搭建时并未使用太多的耐久性材料。然而，在 1998 年被正式拆除之前，20 号楼最终屹立了 55 年，而且成为麻省理工学院公认的创新摇篮：这里不但催生了创造发明和学说，还孕育了一些知名机构，比如诺姆·乔姆斯基（Noam Chomsky）的语言学，博世音响（Bose Acoustics）和美国数字设备公司（Digital Equipment Corporation）等。

20 号楼引起了众多建筑学家和创新学家的兴趣。他们意识到，正因为 20 号楼是超期服务的临时性建筑，因此，人们才可以在有新的研究思路或新的机构出现时，获得最大限度的自由，去为项目改建楼内的布局：房间被打通，上下两层之间的隔板被掀掉，设备被随意地搁置在走道或门口，这些都是 20 号楼里司空见惯的现象——这栋楼原本预计在建成后 5 年之内拆除，因此在保障安全的前提下，管理者不太会去干预和阻拦人们对空间做出改变。由于办公条件恶劣，20 号楼成了众多缺乏启动经费但又有创新思维的组织的大熔炉：核技术、飞行控制、塑料、胶黏剂、声学、人类学和电子实验室的研究人员们“混搭”在一起，数据处理小组、冰体研究实验室、摄影实验室、材料实验室、由学生黑客组成的铁路模型技术俱乐部，还有预备役军官训练营等机构也都陆续搬入。麻省理工学院在一篇媒体报道中声称：“因为这栋楼没有被分配给任何一个学院、任何一个系、任何一个研究中心，于是，它总是能为一些新的研究项目提供工作地点，为研究生的课题研究提供环境支持，也为跨学科研究中心提供生存空间。”

斯图尔特·布兰德（Stewart Brand）在自己的著作《建筑物如何学习》(*How Buildings Learn*）中赞美了20号楼的形态，他称在这样的工作环境里，“规章秩序”与“杂乱无章”达到了一种完美的平衡。

事实上，“规章秩序”始终存在，“杂乱无章”即创意人士们所需要的自由和尊重，则极难达到。由于公司必须在内部推行高度统一的价值观，在挑选雇员时有自己独特的要求，绝大部分的办公场所，即使是像谷歌这样鼓励创新的公司，努力将自己的空间设计得巧妙、有趣和开放，都有着很自然的“管理”和“控制”的倾向，这使得企业在空间环境上所推崇和鼓励的自由，在一定程度上是虚假的。从创新层面上看，过度掌控（即使是小心翼翼的）最终会打乱并干扰信息组成的液态网络，也会逐渐减少水波效应的发生。因此，20号楼的难能可贵之处在于，50多年间，它用“杂乱无章”的原生态，抵挡住了种种让思想变得僵化、信息传递受阻的管控力量，最大限度地为创意工作者留出了让思维保持鲜活所需的空间和自由。

如果把20号楼看成一个创意工作者们聚集的理想社区模型，就会发现这其中包含着3个重要的原则：首先是麻省理工学院的“门槛”，它无形中选择了在20号楼中生发的项目和人——他们都带有鲜明的创新基因和足够的知识底蕴；其次是楼内的空间，从一开始就带有近 10 年来流行的联合办公气氛，比起单一公司的办公场所，这种打破界限的空间，为跨学科、跨领域的互动和非正式交流提供了更多可能，人们可以在其中接触到各种各样的机会和新观念；最后，这个楼里“杂乱无章”的大环境更贴近自然。单一的公司内部即便很鼓励创新，也很难容忍完全的失败，很多看上去“匪夷所思”的创新实验会遭到阻碍，也有一些新的机会被公司的发展遮盖住，人也会因为自满而不去探索新的可能。但 20 号楼只提供了一个颇具包容性的平台，任由各类新兴组织自生自灭与搬入搬出——从长远看，这种流动性和自然淘汰，能为信息的液态网络流动带来更为稳定和持久的支持。

对标 20 号楼，我们不难发现，德必已经在自己的园区中模拟出了这一环境：用空间和自身的经验来挑选“气味相投”的创意工作者和组织，此为同频；尊重园区中企业和个人的创新基因，减少管控，为他们留出足够的空间交流和创造，并且辅助以适当的服务，此为加强共振。

我们在本书中详细解析了德必空间设计理念中“根据时间轴来定义客户使用场景”及其对德必服务体系创建的影响和相互作用，也即“波心”与“两道波纹”形成与运作的深层机理。就像一颗石子投入水中，水波不可能只有两道波纹，德必空间设计的底层逻辑与核心理念在组织内部经过两层传导之后，还会依次影响园区、街区生态与城市社区更新。传导的力量来自波心，传导过程中与外部碰撞又会不断产生理念上的同频共振。共振是对来自波心的传导作用的反馈——层层交互，从而形成一种令人印象深刻的城市创意场效应。

"创意场"（Creative Field）理论由世界著名的经济地理学家艾伦·斯科特（Allen Scott）提出，以分析新经济时代创意活动的空间基础而著称，与"创意阶层""创意环境"并称为创意城市理论的三大概念。它是"一种空间与制度在地理上呈现的网络系统，包含了创意培育与创意产出之间的交互过程"。斯科特的研究显示，这一系统的完整程度对城市创新能力影响甚大。

从德必空间产品所产生的水波效应中，通过传导与共振两种形式创造力的交互，我们可以观察到一种典型的城市创意场的形成过程。这一效应包括以下 6 个圈层。

第一圈层：五大场景

第一圈层是对陈红传导出的空间核心设计理念的落地，它有 3 个思考维度：时间轴、场景与痛点排除。焦虑过滤器、高效办公区、快乐补给站、创意激发地、情绪减压阀这五大场景围绕着钟面形的时间轴排列，形成创意人士在办公空间中工作、活动、交流的完美闭环。

第二圈层：十大增值服务

第二个圈层是对第一圈的同态放大。十大增值服务包括：联合党建、社群活动、创业导师团、人才服务、品牌推广、智慧空间管理、政策对接、财务顾问、工商注册、资本对接——对应着全业务链链路，分布在园区企业从初创期到鼎盛发展期的"全生命周期"中。

第三圈层："60/90 分"原则

传导到达第三个圈层就产生了同频共振，也就是陈红所说的园区与客户之间互动的"60/90 分"原则："我们把园区建到 60 分，你们入驻进来，就超过 90 分了。""60 分"与自谦和姿态无关，而是说德必单方面的空间设计为创意场域提供了一种基础生态的可能性，只有实现设计者和入驻者之间的交互反馈，这种生态才算真正地"活"起来；剩下 10 分是双方共同打磨、升级迭代的空间。与通常写字楼严格掌控租用者的行为不同，在德必园区，客户的反馈性创新是一种总能给陈红带来惊喜的存在。比如之前提到的德必法华 525，最初被称为"法华 525 创意树林"，这个名字本来只是陈红心中的一个意象，后来在其中的一个客户"澜道设计"的二楼办公室，他看到了真正的树林——澜道设计在室内种植了 16 棵大树；杭州东溪德必易园的三色石照明设计院，不仅用灯光设计点亮了园区中心垂直花园的周遭环境，其办公室通透的装修风格还增加了德必设计作品的景深；北京德必天坛 WE 的企业客户对办公室外立面竞相装饰，继而扩展、影响到外部北京街的整体景观，使北京街成为南城罕见的一道流动风景线。从客户那里反馈输出的空间环境创意行为，几乎每天都在每个园区发生。德必空间设计始终围绕"人性关怀"这一核心，同时也是个性鲜明的作品。陈红一直认为，设计风格是一道门槛，吸引来的都是趣味相投的人。拥有相近趣味的创意阶层，在理念的相遇、碰撞中产生同频共振是非常自然的现象。

第四圈层：园区"周边公司"孵化器

第四圈层是园区"周边公司"孵化器，是随着园区活跃、成熟以及布局网络的完善，对五大场景和十大增值服务中某些标准功能的外包和商业化。就像禧世通总经理程新迪提出的那样，德必可以将各园区通用配置的餐厅、便利店、咖啡、健身房等配套设施，整合标准与供应链，打造成全国品牌，甚至包装上市。德必在这些领域里已有一定规划和尝试，比如和 MO+ 咖啡的合作。MO+ 咖啡借助与德必的磨合，摸索出了自己独特的商业模式，有成为办公场景下的精品咖啡店品牌的潜质。除了这些商业类设施，为了加强与自身产业服务的有效协同，贾波一直推动的如收购猎头等企业服务公司，与律师事务所、会计师事务所合作，并与相关机构共同成立园区风投基金，都属于这一类。基金项目成熟后也有加入上市公司的计划。

第五圈层：德必客户中的战略协同与生态共建者

第五圈层是德必客户中的战略协同与生态共建者。这又分为三个类型。第一类是与德必结为命运共同体的公司，在全国布局优先考虑德必园区，而德必也认为自身扩张是基于这些客户的下沉需求。第二类是与德必相向而行的业态创新者，它们不是仅具一般需求的客户，而是战略及理念与德必相近，服务德必又不局限于园区内部，而以具体的德必创意场可能的辐射区域作为自己的运营目标，运营理念与德必相通且手法不断创新的客户。它们的存在增强了德必园区整体的辐射能力和影响力，是水波效应中重要的接力者。东枫德必 WE 的大悦榕和是这一类客户的典型代表，某些供应链公司，如北京园区的绿植供应商，也可以归入这一类。餐厅在第四圈层也有提到，但这里不是根据行业划分，而是根据经营规模和定位（超越园区范围）的外向程度。第三类是新兴业务公司，它们的入驻启发并带来德必开拓新产品线的契机。比如上海城市一公司与客户相互助力，形成区域性甚至联通上海、杭州两地的直播基地，改变了所在社区的经济形态。

第六圈层：社区繁荣

第六圈层是水波效应的终极形态，也就是社区繁荣，液态环境的心流溢出园区，形成完整的“空间与制度在地理上呈现的网络系统”。这其中以德必天坛 WE 所在的北京街为代表，是德必创意园区促成城市更新的成功案例。已然成为新兴打卡点的北京街，在景观呈现、业态分布、人群聚集方面都深受德必园区的影响，与园区之间呈现出深刻的共生和交互关系。

这一系列空间产品最终带来的社区繁荣，并不是由德必独自完成并实现进化的，正像佛罗里达学派（Florida School）关于创意阶层的研究所表明的，创意工作者总是希望参与所在社区的活动，这在某种意义上正是他们的创意身份使然。因此，同频共振式的共创价值的实质是彼此的认同和响应，或者说，只有发生了共振，才能证明德必的空间生产力真实存在。

与麻省理工学院 20 号楼相比，德必园区发生的同频共振所波及的场所更为广泛，它不但能实实在在地提供社群的创新体验，还能促成真正的社区的建立——以空间设计为激发点，荡起共创价值的心流之波，从园区外溢到街区和社区，推动城市更新与城市创意场的形成。

比起创意这一层面，“场”产生了更深远的影响，其价值也更难以直接评估。前者体现的是公司价值，后者则是一种使命。或者用贾波的话来匹配，核心价值观虽然是公司的内在原则，但与“生意”关系紧密；核心使命则必然是一种“情怀”。基于场景的价值体系使德必区别于同行公司，核心使命更使之区别于一般商业公司。

由此我们可以理解贾波和陈红对空间产品和创意产业园的坚持：这个行业确实是价值放大器和意义生发之源，一个足够容纳任何创意的“场”。如何让空间设计与服务，在充分融入社区的前提下，助力文创企业、科创企业乃至社区与街区的繁荣，以公司使命为锚确立平台价值，使“创意”与“场”互相成就，如何在德必已有的五大场景上继续培育出新的原则，是德必产品经理面临的新课题。

致谢

在撰写这本书的过程中，我们接触到了大量被研究者定义为“创意阶层”的人，他们涉及的行业十分广泛，既包括移动互联网、人工智能等新兴行业，也包括外贸、教育、出版、广告、建筑设计、音乐等传统创意行业。他们中的绝大多数人，都在采访中用确定的语气谈到了一点：创意工作者的心情、工作效率和创造力会受到周遭空间的很大影响。这个观点与德必的设计师们在空间设计上的底层逻辑是一致的。这样一来，观察创意工作者如何利用工作空间，如何参与到对空间乃至社区的共创中来，并取得了什么样的效果，就成为本书最有趣的部分。

我们在这里将这些创意工作者的名字一一列出（按姓名拼音顺序排列，后文同），以使读者知晓他们在本书中所起到的重要作用。

程铭生　程新迪　当　当　丁静娴　杜颖喆　高　贞　金清华　李　琦
李　欣　林殿佳　刘方俊　刘菁蓉　廖秋露　荣　耀　邵　鑫　邵　影
孙大军　孙　雨　谭　雯　屠卓荃　王运宝　王　学　卫　东　吴鸿雁
吴建国　吴镇宇　徐　宁　许征宇　虞　骏　张　静　郑芳芳　郑建波
朱易安　邹　辉

与创意工作者们的交流，离不开德必创意园区的支持，从总部到一线的德必员工们也热情、坦诚地与我们分享了空间设计创意和运营创新的经验、感受，我们在此一并表示感谢。

陈　红　陈万里　丁　翔　戴颖丹　樊沈燕　费文宇　高振中　何春帆
黄彩凤　胡伟国　贾　波　雷晓燕　陆　昕　罗晓霞　聂金平　邱秀玲
仇　祯　王　洁　王　磊　王　玉　徐吉平　徐　蔚　颜　术　余汉青
袁　祺　岳　凌　查佳敏　张智利　章海东　周欣潞

在本书出版过程中，一些被采访人的职位或工作发生了变动，我们在书中使用的是他们接受采访时的身份和头衔。

最后，我们要感谢武云溥，他做了很多前期的编辑工作，在成稿后根据出版社的意见对全书结构进行了调整，并承担了后期流程中的沟通、协调和物料采集工作。

参考文献

简・雅各布斯 . 美国大城市的死与生 [M]. 金衡山，译 . 南京：译林出版社，2005.

理查德・佛罗里达 . 创意阶层的崛起 [M]. 司徒爱勒，译 . 北京：中信出版社，2010.

弗朗西斯卡・加文 . 创意空间：艺术家和创新者的都市之家 [M]. 郭伟，译 . 北京：电子工业出版社，2011.

安藤忠雄 . 在建筑中发现梦想 [M]. 许晴舒，译 . 北京：中信出版社，2014.

史蒂文・约翰逊 . 伟大创意的诞生：创新自然史 [M]. 盛杨燕，译 . 杭州：浙江人民出版社，2014.

米哈里・希斯赞特米哈伊 . 创造力：心流与创新心理学 [M]. 黄珏苹，译 . 杭州：浙江人民出版社，2015.

唐燕，克劳斯·昆兹曼，等．文化、创意产业与城市更新 [M]. 北京：清华大学出版社，2016.

尼基尔·萨瓦尔．隔间：办公室进化史 [M]. 吕宇珺，译．桂林：广西师范大学出版社，2018.

克莱顿·克里斯坦森，泰迪·霍尔，凯伦·迪伦，等．创新者的任务 [M]. 洪慧芳，译．北京：中信出版社，2019.

未来，属于终身学习者

我们正在亲历前所未有的变革——互联网改变了信息传递的方式，指数级技术快速发展并颠覆商业世界，人工智能正在侵占越来越多的人类领地。

面对这些变化，我们需要问自己：未来需要什么样的人才？

答案是，成为终身学习者。终身学习意味着永不停歇地追求全面的知识结构、强大的逻辑思考能力和敏锐的感知力。这是一种能够在不断变化中随时重建、更新认知体系的能力。阅读，无疑是帮助我们提高这种能力的最佳途径。

在充满不确定性的时代，答案并不总是简单地出现在书本之中。“读万卷书”不仅要亲自阅读、广泛阅读，也需要我们深入探索好书的内部世界，让知识不再局限于书本之中。

湛庐阅读 App：与最聪明的人共同进化

我们现在推出全新的湛庐阅读 App，它将成为您在书本之外，践行终身学习的场所。

- 不用考虑“读什么”。这里汇集了湛庐所有纸质书、电子书、有声书和各种阅读服务。
- 可以学习“怎么读”。我们提供包括课程、精读班和讲书在内的全方位阅读解决方案。
- 谁来领读？您能最先了解到作者、译者、专家等大咖的前沿洞见，他们是高质量思想的源泉。
- 与谁共读？您将加入优秀的读者和终身学习者的行列，他们对阅读和学习具有持久的热情和源源不断的动力。

在湛庐阅读App首页，编辑为您精选了经典书目和优质音视频内容，每天早、中、晚更新，满足您不间断的阅读需求。

【特别专题】【主题书单】【人物特写】等原创专栏，提供专业、深度的解读和选书参考，回应社会议题，是您了解湛庐近千位重要作者思想的独家渠道。

在每本图书的详情页，您将通过深度导读栏目【专家视点】【深度访谈】和【书评】读懂、读透一本好书。

通过这个不设限的学习平台，您在任何时间、任何地点都能获得有价值的思想，并通过阅读实现终身学习。我们邀您共建一个与最聪明的人共同进化的社区，使其成为先进思想交汇的聚集地，这正是我们的使命和价值所在。

图书在版编目（CIP）数据

唤醒空间生产力 / 汪若菡，李国卿著. -- 杭州 ：
浙江教育出版社，2024.3
ISBN 978-7-5722-6727-7

Ⅰ. ①唤… Ⅱ. ①汪… ②李… Ⅲ. ①空间规划－研
究 Ⅳ. ①TU984.11

中国国家版本馆CIP数据核字(2023)第190071号

上架指导：商业新知

唤醒空间生产力

HUANXING KONGJIAN SHENGCHANLI

汪若菡 李国卿 著

责任编辑：胡凯莉 陈 煜
美术编辑：韩 波
责任校对：刘姗姗
责任印务：陈 沁
封面设计：安云静

出版发行：浙江教育出版社（杭州市天目山路40号）
印 刷：天津中印联印务有限公司
开 本：720mm ×965mm 1/16 插 页：15
印 张：15 字 数：167千字
版 次：2024年3月第1版 印 次：2024年3月第1次印刷
书 号：ISBN 978-7-5722-6727-7 定 价：99.90元